U0296912

水分析化学

主 编　熊　鹰　马焕春

副主编　王春雷　吴树宝　谢艳云

主 审　范晨曦

西南交通大学出版社

·成都·

内容简介

本书是水利水电类高职高专教材，根据重庆市骨干高等职业院校建设计划水务管理重点建设专业及专业群人才培养方案要求，按照水分析化学课程标准编写完成。内容包括：知识引入，水分析测量的误差与数据处理、酸碱滴定法、沉淀滴定法、配位滴定法、氧化还原滴定法、电化学分析法、吸光光度分析法、原子吸收光谱法、色谱法等。

本书可作为水务管理、环境工程、给排水等专业教材，也可作为环境保护人员、给排水工程人员、管理干部、企业职工培训教材及参考书。

图书在版编目（CIP）数据

水分析化学／熊鹰，马焕春主编. —成都：西南
交通大学出版社，2016.12（2024.1 重印）
高等职业院校水务管理专业"十三五"规划教材
ISBN 978-7-5643-5157-1

Ⅰ. ①水… Ⅱ. ①熊… ②马… Ⅲ. ①水质分析 – 分
析化学 – 高等职业教育 – 教材 Ⅳ. ①O661.1

中国版本图书馆 CIP 数据核字（2016）第 298042 号

水分析化学

主编　熊　鹰　马焕春

责 任 编 辑	牛　君	
特 邀 编 辑	赵述华	
封 面 设 计	何东琳设计工作室	
出 版 发 行	西南交通大学出版社 （四川省成都市金牛区二环路北一段 111 号 西南交通大学创新大厦 21 楼）	
发 行 部 电 话	028-87600564　028-87600533	
邮 政 编 码	610031	
网　　　　址	http://www.xnjdcbs.com	
印　　　　刷	四川森林印务有限责任公司	
成 品 尺 寸	185 mm × 260 mm	
印　　　　张	14	
字　　　　数	281 千	
版　　　　次	2016 年 12 月第 1 版	
印　　　　次	2024 年 1 月第 3 次	
书　　　　号	ISBN 978-7-5643-5157-1	
定　　　　价	45.00 元	

前　言
PREFACE

　　本书是根据《教育部关于全面提高高等职业教育教学质量的若干意见》（教高〔2006〕16号）、《教育部关于推进高等职业教育改革创新　引领职业教育科学发展的若干意见》（教职成〔2011〕12号）和重庆市教育委员会、重庆市财政局《关于进一步推进"市级示范性高等职业院校建设计划"实施市级骨干高职院校建设项目的通知》等文件精神，由重庆水利电力职业技术学院市级骨干高等职业院校建设项目，水务管理专业"水分析化学"课程组组织编写的水利水电类高职高专教材。

　　本教材在编写时力求概念清晰，分析方法步骤清楚，理论上适度、够用，不苛求学科的系统性和完整性；内容紧密结合水环境监测与评价行业、企业岗位高技能人才的实际需求，力求结合专业培养技能，突出工程实用性和实践性，体现高等职业技术教育的特点，以学生为本，以培养学生的应用能力为主线，以工作任务为载体，融"教、学、练、做"为一体。

　　参加本书编写的人员有：重庆水利电力职业技术学院熊鹰、马焕春、谢艳云，重庆市水文水资源勘测局王春雷、吴树宝。全书由熊鹰、马焕春担任主编，范晨曦担任主审。

　　由于编者水平有限，书中不足之处在所难免，敬请各位读者批评指正。

编者

2016 年 6 月

目　录
CONTENTS

知识引入

认识水分析化学

❖ **学习要求** ❖

（1）了解水分析化学的性质与任务；
（2）掌握水质分析的化学分析方法和仪器分析方法的种类；
（3）熟悉常见的水质物理指标、化学指标和微生物指标；
（4）了解我国现行的水质标准；
（5）掌握溶液组成的量度。

❖ **基础知识** ❖

一、水分析化学的性质与任务

　　水资源是一种宝贵的稀缺资源，在日常生活和生产中发挥着不可代替的作用。进入 21 世纪，水资源问题已经不仅仅是资源问题，更成为关系到各国经济发展、社会进步和国家稳定的重要战略问题。我国水资源总储量居世界第 6 位，约为 2.81×10^{12} m³。但是由于我国人口基数巨大，人均水资源占有量仅为世界人均水资源占有量的 1/4，不足 2150 m³，位列世界第 110 位，是联合国认定的"水资源最为紧缺"的 13 个国家之一。

　　同时，人们在生产和生活中产生的污染物排放到天然水体中，使天然水体的水质发生变化。因此，水资源不足和水污染加剧构成的水资源危机成为制约我国社会经济发展的重要因素。为保护水资源，必须加强水质分析工作。通过水质分析，可以及时、准确、全面地反映水环境质量的现状及其发展趋势，为水环境管理、水污染控制、水污染治理、制定水环境保护政策及水环境评价等提供科学依据。水分析化学作为水质分析的重要工具，具有重大意义。

　　水分析化学是研究水及其杂质、污染物的组成、性质、含量及其分析方法的一门学科。水分析化学是高等院校环境工程技术、水环境监测与治理、水务管理等专业的专业技术课程之一。通过水分析化学的学习，使学生掌握水分析化学的基本原理、基本概念和常用分析方法（化学分析法和仪器分析法）；同时，培养学生严谨的科学态度，独立分析问题、解决问题的能力。以后，在相应的工作岗位上能运用水质指标和水质分析综合资料，指导水处理的方法、设计及运行管理，并为对水资源进行有效的保护和合理的开发利用提供科学依据。

二、水分析方法的分类

根据分析任务、分析对象、分析原理、操作方法和试样用量的不同，可以对水分析方法进行分类。

（一）化学分析法和仪器分析法

按照测定原理和使用仪器的不同，水分析方法分为化学分析法和仪器分析法。

1. 化学分析法

化学分析法是利用物质的化学反应及其计量关系确定被测物质的组成及含量的分析方法。化学分析法又分为重量分析法和滴定分析法两种。

（1）重量①分析法

重量分析法将水中被测组分与其他组分分离后，转化为一定的可称量形式，然后用称重方法计算该组分在水样中的含量的方法。重量分析法按分离方法的不同可分为气化法、沉淀法、电解法和萃取法。

（2）滴定分析法（容量分析法）

滴定分析法是将一已知准确浓度的标准溶液与被测物质定量反应完全，根据反应完成时消耗的标准溶液的体积及其浓度，计算出被测物质的含量的方法。根据滴定反应的类型不同，滴定分析方法分为酸碱滴定法、氧化还原滴定法、沉淀滴定法、配位滴定法。

用于滴定分析的滴定反应必须符合下列要求：

① 反应必须定量完成。即反应必须按一定的化学计量关系（要求达到 99.9%以上）进行，没有副反应发生，这是定量计算的基础。

---

① 实为质量，包括后文的称重、恒重等。但在现阶段的农、林、生化等行业的生产实际中一直沿用，为使学生了解、熟悉本行业的生产和科研实际，本书予以保留。——编者注

② 反应必须迅速完成。滴定反应必须在瞬间完成。对反应速率较慢的反应，有时可用加热或加入催化剂等方法加快反应速率。

③ 有比较简单可靠的确定终点的方法。如有适当的指示剂指示滴定终点。

化学分析历史悠久，是分析化学的基础，尤其是滴定分析，操作简便、快速、所需设备简单，且具有足够的准确度，因而，它仍是一类具有很大实用价值的分析方法。

2. 仪器分析法

以物质的物理性质和物理化学性质为基础的分析法，这类分析方法需要用较特殊的仪器，故称仪器分析法。根据测定原理的不同，仪器分析法一般分为以下几大类：光学分析法（如吸收光谱分析法、发射光谱分析法、荧光分析法等）、电化学分析法（如电位分析法、库仑分析法、伏安和极谱法等）、色谱分析法（如液相色谱法，气相色谱法等）和其他仪器分析法（如质谱法、放射性滴定法、活化分析法等）。

仪器分析法具有快速、操作简便、灵敏度高的特点，适用于微量和痕量组分的测量。

随着科学技术的快速发展，仪器分析不断得到革新和发展，在不断发展各种新的分析仪器的同时，又开拓了多种仪器联合使用的联机分析法。仪器分析正向自动化、数字化、计算机和遥测的方向发展。仪器分析已成为分析工作的重要手段。

（二）常量分析、半微量分析和微量分析

根据分析时所需试样的用量不同，分析方法分为常量分析、半微量分析、微量分析和超微量分析。各种分析方法的试样用量见表 0-1。

表 0-1　各种分析方法的试样用量

分类名称	所需试样的质量/mg	所需试样的体积/mL
常量分析	100～1000	＞10
半微量分析	10～100	1～10
微量分析	0.1～10	0.1～1
超微量分析	＜0.1	＜0.01

三、水质指标与水质标准

（一）水质指标

水质是指水及其杂质共同表现出来的综合特性。水质指标表示水中杂质的种

类和数量。水质指标是衡量水质优劣的标准和尺度，是水质评价的重要依据。水质指标通常分为物理指标、化学指标和微生物指标。

1. 物理指标

（1）水温

水的物理、化学性质与水温密切相关。水中溶解性气体（如氧气、二氧化碳等）的溶解度、水中生物和微生物的活动、化学和生物化学反应速率、非离子氨、盐度、pH 值以及碳酸钙饱和度等都受水温变化的影响。水温为现场监测项目之一。

（2）色度

颜色是反映水体外观的指标。纯水是无色透明的，天然水中存在腐殖质，泥土，浮游生物，铁、锰等金属离子，使水体呈现一定的颜色。工业废水由于受到不同物质的污染，颜色各异。有颜色的水可减弱水体的透光性，影响水生生物的生长。

水的颜色定义为改变透射可见光光谱组成的光学性质，它可分为真色和表色。

表色是指水体没有除去悬浮物时水所呈现的颜色，只用文字进行定性描述。如工业废水或受污染的地表水呈现黄色、灰色等，并以稀释倍数法测定颜色的强度。

真色是指水体中悬浮物质完全移去后水所呈现的颜色。水质分析中所表示的颜色是指水的真色，即水的色度是对水的真色进行测定的一项水质指标。

测真色时，如水浑浊，需采用澄清、离心沉降或通过 0.45 μm 的滤膜过滤的方法除去水中的悬浮物。但不能用滤纸过滤，因为滤纸能吸收部分颜色。较清洁的水样可以直接测定，且真色和表色相近。对着色很深的工业废水，可根据需要测定其真色和表色。当样品中有泥土或其他分散很细的悬浮颗粒物，且预处理后仍不透明时，则测定表色。

水的颜色的测定方法有铂钴标准比色法、稀释倍数法、分光光度法。水的颜色受 pH 值的影响，因此测定时需要注明水样的 pH 值。

我国生活饮用水的水质标准规定色度小于 15 度；工业用水对水的色度要求更严格，如染色用水色度小于 5 度，纺织用水色度小于 10～12 度等。

（3）臭

纯净的水不应有任何气味。当水体受到污染，溶解了有机和无机污染物时，水会产生不同的臭味。水中产生臭味的物质是生活污水或工业废水污染、天然物质分解或微生物活动的结果，如藻类的繁殖、有机物的腐败及一些含有刺激性气味物质废水的排入等。臭是检验原水和处理水质必测项目之一。

臭的检验靠人的嗅觉，可用文字描述法和臭阈值法检验。文字描述法采用臭强度报告，用无、微弱、弱、明显、强和很强 6 个等级描述；臭阈值是水样用无臭水稀释到闻出最低可辨别的臭气浓度的稀释倍数，饮用水的臭阈值不得大于 2。

（4）浊度

浊度是表现水中悬浮物对光线透过时所发生的阻碍程度，是天然水和饮用水的一个重要水质指标。浊度是由水中含有的泥土、粉沙、有机物、无机物、浮游生物与其他微生物等悬浮物和胶体物质所造成的。水样浊度的测定可采用目视比色法和分光光度法。

（5）残渣

残渣分为总残渣（总固体）和总可滤残渣（溶解性总固体）和总不可滤残渣（悬浮物）3 种。它们是表征水中溶解性物质、不溶性物质含量的指标。

残渣高的水不适于饮用，高矿化度的水对许多工业用水也不适用。我国饮用水规定总可滤残渣不得大于 1000 mg·L^{-1}。应该注意的是，实际水样测定的可滤残渣和不可滤性残渣是一个相对的值，与所用滤纸的孔径、滤片面积和厚度、残留在滤膜上的物质的数量等因素有关。

由于有机物的挥发、机械性吸着、水或结晶水的变化及气体挥发等造成损失，也可由于氧化而增重，所以残渣的测定结果与烘干温度、时间有密切关系。

残渣采用重量法测定，适用于天然水、饮用水、生活污水和工业废水中 20 000 mg·L^{-1} 以下残渣的测定。

总残渣是指将水样在水浴上蒸干并于 103～105 ℃ 烘干后的残留物质，它是可滤残渣（通过过滤器的全部残渣）和不可滤残渣（截留在过滤器上的全部残渣）的总和。

总可滤残渣（可溶性固体）指过滤后的滤液于蒸发皿中蒸发，并在 103～105 ℃ [有时要求在(180±2) ℃] 烘干至恒重的固体。

总不可滤残渣（悬浮物，SS）是指将混均的水样用 0.45 μm 滤膜过滤，滤膜和截留其上的残渣在 103～105 ℃ 烘干至恒重，增加的重量即为悬浮物质量。

（6）电导率

电导率是表示水溶液传导电流的能力。因为电导率与溶液中离子含量大致呈比例地变化，它可间接地表示水中可滤残渣（即可溶性固体）的相对含量。电导率用电导率仪测定。

2. 化学指标

天然水和一般清洁水中最主要的离子成分有阳离子（Ca^{2+}、Mg^{2+}、Na^+、K^+）和阴离子（HCO_3^-、SO_4^{2-}、Cl^-、SiO_3^{2-}）等基本离子，再加上量虽少但起重要作用的 H^+、OH^-、CO_3^{2-}、NO_3^- 等，可以反映出水中离子组成的基本概况。而受污染的天然水、生活污水、工业废水可看成是在此基础上又增加了杂质成分。表示水中杂质及污染物的化学成分和特征的综合性指标叫作化学指标。常见的化学指标如下：

（1）pH 值

水的 pH 值的测定方法有玻璃电极法和比色法。天然水的 pH 值多为 6～9，这也是我国污水排放标准的 pH 值控制范围；饮用水的 pH 值要求为 6.5～8.5。

（2）酸度和碱度

酸度和碱度都是水质综合性特征指标之一，水中酸度或碱度的测定在评价水环境中污染物质的迁移转化规律和研究水体的缓冲容量等方面有重要的意义。

水的酸度是指水中所含能够给出质子的物质的总量，即水中所有能与强碱发生中和作用的物质的总量。构成酸度的物质有盐酸、硫酸和硝酸等无机强酸，以及碳酸和各种有机酸、强酸弱碱盐等。

水的碱度是指水中所含能接受质子的物质的总量，即水中所有能与强酸发生中和作用的全部物质。构成碱度的物质包括强碱、弱碱、强碱弱酸盐。地表水的碱度基本上是由碳酸氢盐、碳酸盐和氢氧化物组成的，所以总碱度被当作这些成分浓度的总和。当水中含有硼酸盐、磷酸盐或硅酸盐等时，则总碱度的测定值也包含它们所起的作用。

（3）硬度

水的硬度是指 Ca^{2+}、Mg^{2+} 的总量。水的硬度分为碳酸盐硬度和非碳酸盐硬度两类。总硬度即为二者的总和。碳酸盐硬度也称暂时硬度，即钙、镁以碳酸盐或碳酸氢盐的形式存在，一般通过加热煮沸生成沉淀而除去。非碳酸盐硬度也称永久硬度，即钙、镁以硫酸盐、氯化物或硝酸盐的形式存在。该硬度不能用加热的方法除去，只能采用蒸馏、离子交换等方法处理，才能使其软化。

水的硬度的测定是一项重要的水质分析指标，与日常生活和工业生产的关系十分密切。如长期饮用硬度过大的水会影响人们的身体健康，甚至引发各种疾病；用硬度高的水洗衣服会造成肥皂浪费；锅炉若长期使用硬度高的水，会形成水垢，既浪费燃料还可能引起锅炉爆炸等。

（4）总含盐量

总含盐量又称矿化度，表示水中全部阴阳离子总量，是农田灌溉用水适用性评价的主要指标之一，一般只用于天然水的测定，常用的测定方法为重量法。

（5）有机污染物综合指标

因为水中的有机物质种类繁多、组成复杂、分子量范围大、环境中的含量较低，所以分别测定比较困难。常用综合指标来间接测定水中的有机物总量。有机污染物综合指标主要有高锰酸盐指数（COD_{Mn}）、化学需氧量（COD）、生物化学需氧量（BOD）、总有机碳（TOC）、总需氧量（TOD）和氯仿萃取物等。

（6）水中有毒物质含量指标

水中有毒物质包括有毒金属（铬、镉、铅和汞等）、氰化物、硝酸盐氮、亚硝酸盐氮等。氰化物有剧毒，进入生物体后会破坏高铁细胞氧化酶的正常作用，使组织细胞缺氧窒息；硝酸盐氮通过饮用水过量摄入婴幼儿体内时，可引起变性血红蛋白症；亚硝酸盐氮是亚铁血红蛋白症的病原体，与仲胺类物质作用生成致癌的亚硝酰胺类化合物。

（7）放射性指标

水中放射性物质主要来源于天然放射性核素和人工放射性核素。放射性物质在核衰变过程中会放射出 α、β 和 γ 射线，而这些放射线对人体都是有害的。放射性物质除引起外照射外，还可以通过呼吸道吸入、消化道摄入、皮肤或黏膜侵入等不同途径进入人体并在体内蓄积，导致放射性损伤、病变，甚至死亡。我国饮用水规定总 α 放射性强度不得大于 $0.5 \ Bq \cdot L^{-1}$，总 β 放射性强度不得大于 $1 \ Bq \cdot L^{-1}$。

3. 微生物指标

反映水中微生物的种类和数量的一类指标统称为微生物指标。水中微生物指标主要有细菌总数、总大肠菌群及游离性余氯。

（1）细菌总数

细菌总数是指 1 mL 水样在营养琼脂培养基中，于 37 ℃ 培养 24 h 后所生长出来的细菌菌落总数。细菌总数主要作为判断生活饮用水、水源水、地表水等的污染程度。我国规定生活饮用水中细菌总数不得大于 $100 \ CFU \cdot mL^{-1}$。

（2）总大肠菌群

大肠菌群是指那些能在 37 ℃、48 h 内发酵乳糖产酸产气的、兼性厌氧、无芽孢的革兰氏阴性菌。总大肠菌群的测定方法有多管发酵法和滤膜法。水中存在病原菌的可能性很小，其他各种细菌的种类却很多，要排除一切细菌而单独直接检出某种病原菌来，在培养分离技术上较为复杂，需较多的人力和较长的时间。大肠菌群作为肠道正常菌的代表，其在水中的存活时间和对氯的抵抗力与肠道致病菌相似，将其作为间接指标来判断水体受粪便污染的程度。我国饮用水中规定大肠菌群不得检出。

（3）游离性余氯

游离性余氯是指饮用水用氯消毒后剩余的游离性有效氯。饮用水消毒后为保证对水有持续消毒的效果，我国规定游离性余氯在出厂水中的限值为 $4 \ mg \cdot L^{-1}$，集中式给水出厂水中不低于 $0.3 \ mg \cdot L^{-1}$，管网末梢水中不低于 $0.05 \ mg \cdot L^{-1}$。

（二）水质标准

水质标准是由国家或地方政府对水中污染或其他物质的最高允许浓度或限量阈值的具体限制和要求。水质标准分为水环境质量标准、污水排放标准和各类用水水质标准。常见水质标准见附录 A、附录 B、附录 C 和附录 D。

1. 水环境质量标准

（1）地表水环境质量标准（GB 3838—2002）

地表水指我国领域内江河、湖泊、运河、渠道、水库等具有使用功能的地表水水域。具有特定功能的水域，执行相应的专业用水水质标准。

依据地表水水域环境功能和保护目标，将其按功能高低依次划分为五类：

Ⅰ类：主要适用于源头水、国家自然保护区。

Ⅱ类：主要适用于集中式生活饮用水地表水源地一级保护区、珍稀水生生物栖息地、鱼虾类产卵场、仔稚幼鱼的索饵场等。

Ⅲ类：主要适用于集中式生活饮用水地表水源地二级保护区、鱼虾类越冬场、洄游通道，水产养殖区等渔业水域及游泳区。

Ⅳ类：主要适用于一般工业用水区及人体非直接接触的娱乐用水区。

Ⅴ类：主要适用于农业用水区及一般景观要求水域。

（2）地下水质量标准（GB/T 14848—93）

该标准中的地下水指一般地下水，不包括地下热水、矿水、盐卤水。

依据我国地下水水质现状、人体健康基准值及地下水质量保护目标，并参照了生活饮用水，工业、农业用水水质最高要求，将地下水质量划分为五类。

Ⅰ类：主要反映地下水化学组分的天然低背景含量，适用于各种用途。

Ⅱ类：主要反映地下水化学组分的天然背景含量，适用于各种用途。

Ⅲ类：以人体健康基准值为依据，主要适用于集中式生活饮用水水源及工、农业水。

Ⅳ类：以农业和工业用水要求为依据，除适用于农业和部分工业用水外，适当处理后可作生活饮用水。

Ⅴ类：不宜饮用，其他用水可根据使用目的选用。

2. 污水排放标准

污水排放标准包括国家制定的《污水综合排放标准》（GB 8978—1996）和一些地方、行业根据自身实际情况制定的专用排放标准，如造纸工业、船舶工业、海洋石油开发工业、纺织染整工业、钢铁工业等都执行各自的行业排放标准。

《污水综合排放标准》（GB 8978—1996）适用于现有单位水污染物的排放管理，以及建设项目的环境影响评价、建设项目环境保护设施设计、竣工验收及其投产后的排放管理。该标准规定了69种污染物的最高允许排放浓度和部分行业的最高允许排放水量。

该标准分为三级。排入 GB 3838—2002 中Ⅲ类水域（划定的保护区和游泳区除外）和排入 GB 3097—1997 中二类海域的污水，执行一级标准。排入 GB 3838—2002 中Ⅳ、Ⅴ类水域和排入 GB 3097—1997 中三类海域的污水，执行二级标准。排入设置二级污水处理厂的城镇排水系统的污水，执行三级标准。排入未设置二级污水处理厂的城镇排水系统的污水，必须根据排水系统出水受纳水域的功能要求，分别执行各自的规定。

3. 用水水质标准

常见的用水水质标准有《生活饮用水卫生标准》（GB 5749—2006）、《景观娱乐用水水质标准》（GB 12941—1991）、《农田灌溉水质标准》（GB 5084—2005）、《渔业水质标准》（GB 11607—1989）等。

四、溶液组成的量度

溶液是由溶质和溶剂组成的，溶液的性质常与溶液中溶质和溶剂的相对含量有关。溶液组成的量度可用一定量溶液或溶剂中所含溶质的量来表示。由于溶液、溶剂和溶质的量可用物质的量、质量和体积等方式表示，所以溶液组成的量度可用多种方式表示，如摩尔浓度、质量摩尔浓度、摩尔分数和质量分数。

（一）物质的量和摩尔质量

1. 物质的量

物质的量和质量是国际单位制（SI）规定的基本量中的两个物理量，质量的 SI 单位为千克（kg），而物质的量的 SI 单位是摩尔（mol）。SI 规定："1mol 任何物质所含的基本单元数与 0.012 kg 碳 12 的原子数目相等。"已知 0.012 kg 碳 12 中含有的原子数约为 6.023×10^{23} 个（阿佛伽德罗常数 N_A）。也就是说，1mol 任何物质均含有 N_A 个基本单元。在使用摩尔时应指明基本单元。它可以是原子、分子、离子、电子或其他微观粒子，或是这些粒子的特定组合。

2. 摩尔质量

摩尔质量被定义为单位物质的量的某物质所具有的质量，其表达式为

$$M_B = \frac{m_B}{n_B} \tag{0-1}$$

式中　M_B——B 的摩尔质量，$kg \cdot mol^{-1}$（或 $g \cdot mol^{-1}$）；
　　　m_B——B 的质量，kg 或 g；

n_B——B 的物质的量，mol。

任何基本单元的摩尔质量，当单位为 $g \cdot mol^{-1}$ 时，其数值等于该基本单元的相对原子质量或相对分子质量。

（二）摩尔浓度

溶液中某溶质 B 的摩尔浓度，简称 B 的浓度，用符号 c（B）表示，常用单位为 $mol \cdot L^{-1}$，它的定义是

$$c(B) = \frac{n_B}{V} \tag{0-2}$$

式中　B——溶质的基本单元；

　　　n_B——溶液中溶质 B 的物质的量；

　　　V——溶液的体积。

在说明 c(B)时，也应同时指明基本单元。例如，1 L 溶液中含有 9.808 g 硫酸，则 $c(H_2SO_4)=0.100\ 0\ mol \cdot L^{-1}$，$c(2H_2SO_4)=0.050\ 0\ mol \cdot L^{-1}$。

若不特别说明，溶液的浓度指的就是摩尔浓度。

（三）质量摩尔浓度

溶液中某溶质 B 的物质的量除以溶剂的质量，称为该溶质的质量摩尔浓度，符号为 b(B)，常用单位为 $mol \cdot kg^{-1}$

$$b(B) = \frac{n_B}{m_A} \tag{0-3}$$

式中　n_B——溶液中溶质 B 的物质的量；

　　　m_A——溶剂的质量。

质量摩尔浓度的优点是不受温度的影响。对于极稀的水溶液来说，其摩尔浓度与质量摩尔浓度的数值几乎相等。

（四）摩尔分数

若溶液由溶剂 A 和溶质 B 两组分组成，则溶剂 A 的摩尔分数、溶质 B 的摩尔分数定义分别为

$$x_A = \frac{n_A}{n_B + n_A}$$

$$x_B = \frac{n_B}{n_B + n_A} \qquad (0\text{-}4)$$

式中　n_A——溶剂的物质的量；

　　　n_B——溶质的物质的量。

显然 $x_A + x_B = 1$。

（五）质量分数

溶液中，某组分 B 的质量 m_B 与溶液总质量 m 之比，称为组分 B 的质量分数，用符号 w_B 表示，定义为

$$w_B = \frac{m_B}{m} \qquad (0\text{-}5)$$

质量分数习惯上用百分含量来表示。例如 KCl 水溶液的质量分数为 0.2，可写成 $w(KCl) = 20\%$。

五、溶液的配制

配制某物质的具有一定组成量度的溶液，可由某纯物质加入溶剂，或将其溶液稀释，也可用不同组成量度的溶液相混合。无论用哪一种方法，都应遵守"配制前后溶质的量不变"的原则。主要公式有：

$$\frac{m_B}{M} = c(B) \cdot V \qquad (0\text{-}6)$$

$$c_1 \cdot V_1 = c_2 \cdot V_2 \qquad (0\text{-}7)$$

式中　m_B——溶质的质量，g；

　　　M——溶质的摩尔质量，$g \cdot mol^{-1}$；

　　　$c(B)$——溶质的量浓度，$mol \cdot L^{-1}$；

　　　V——溶液的体积，mL；

　　　c_1，c_2——溶液稀释前后的摩尔浓度；

　　　V_1，V_2 为——稀释前后的体积。

项目一　水分析测量的误差与数据处理

（1）了解误差的来源及分类；

（2）掌握误差的表示方法，并且能够熟练地计算绝对误差、相对误差、绝对偏差、相对偏差、平均偏差、相对平均偏差、标准偏差、相对标准偏差等；

（3）熟练掌握准确度和精密度的意义及表示方法；

（4）掌握可疑数字取舍的原则，并对可疑数据进行计算分析和取舍。

❖ 基础知识 ❖

一、水分析结果的误差

在水分析测量中，分析的结果应具有一定的准确度。但是在分析过程中，即使操作很熟练的分析工作者，用同一方法对同一样品进行多次分析，也不可能得到完全一致的分析结果，而只能得到在一定范围内波动的结果。也就是说，分析过程的误差是客观存在的。

（一）误差的分类

分析结果与真实值之间的差值称为误差。根据误差的性质与来源，可将其分为系统误差和随机误差。

1. 系统误差

系统误差又称为可测误差，它是由于分析过程中某些固定的原因造成的，使分析结果偏高或偏低。当在同一条件下测定时，它会重复出现，且方向（正或负）是一致的，即系统误差具有重复性和单向性的特点。

根据系统误差的性质和产生的原因，可将其分为三类。

（1）方法误差

方法误差是由于分析方法本身所造成的误差。例如，在重量分析中，由于沉淀得不完全，共沉淀现象、灼烧过程中沉淀的分解或发挥；在滴定分析中，反应进行得不完全、滴定终点与化学计量点不符合以及杂质的干扰等都会使系统结果偏高或偏低。

（2）仪器和试剂误差

这种误差是由仪器本身不够精确或试剂不纯引起的。例如，天平砝码不够准确，滴定管、容量瓶和移液管的刻度有一定误差，试剂和蒸馏水含有微量的杂质等，都会使分析结果产生一定的误差。

（3）操作误差

操作误差是指在正常条件下，分析人员的操作与正确的操作稍有差别而引起的误差。例如，滴定管的读数系统偏低或偏高，对颜色不够敏锐等所造成的误差。

2. 随机误差

随机误差又称偶然误差或不可测误差，是由于在测定过程中一系列有关因素微小的随机波动而形成的具有相互抵偿性的误差。其产生的原因是分析过程中种种不稳定随机因素的影响，如室温、相对湿度和气压等环境条件的不稳定，分析人员操作的微小差异以及仪器的不稳定等。随机误差的大小和正负都不固定，但多次测量就会发现，绝对值相同的正负随机误差出现的概率大致相等，因此它们之间常能互相抵消，所以可以通过增加平行测定的次数取平均值的办法减小随机误差。

3. 过失误差

过失误差亦称粗差，是测量过程中犯了不应有的错误造成的，如水样的丢失或沾污、仪器出现异常而未被发现、读数错误、记录或计算错误等，过失误差无一定的规律可循。

过失误差一经发现，必须及时改正。只要分析人员有严谨的科学作风、细致的工作态度和强烈的责任感，过失误差是可以避免的。正确的测量数据不应包括这些错误数据。当出现较大的误差时，应认真考虑原因，剔除由于过失引起的错误数据。

（二）准确度与精密度

1. 准确度与误差

准确度是指测定值与真实值的符合程度，常用误差表示。误差越小，表示分析结果的准确度越高；反之，误差越大，分析结果的准确度越低。所以，误差的大小是衡量准确度高低的尺度。

误差通常分为绝对误差和相对误差，绝对误差表示测定值与真实值之差，即

$$绝对误差=测定值-真实值 \tag{1-1}$$

相对误差是指绝对误差在真实值中所占的百分数，即

$$相对误差=\frac{绝对误差}{真实值}\times100\% \tag{1-2}$$

由此可知，绝对误差和相对误差都有正值和负值之分，正值表示分析结果偏高，负值表示分析结果偏低。若两次分析结果的绝对误差相等，它们的相对误差却不一定相等，真实值越大者，其相对误差越小；反之，真实值越小者，其相对误差越大。

2. 精密度与偏差

精密度是表示在相同条件下多次重复测定（称为平定测定）结果之间的符合程度。它决定于随机误差的大小。精密度高，表示分析结果的再现性好。精密度常用分析结果的偏差、平均偏差、相对平均偏差、标准偏差或变动系数来衡量。

（1）偏差

偏差分为绝对偏差和相对偏差。

绝对偏差（d）是个别测定值（x）与各次测定结果的算术平均值（$\bar{x}$）之差，即

$$d=x-\bar{x} \tag{1-3}$$

设某一组测量数据为 x_1，x_2，$\cdots$，x_n，其算术平均值 $\bar{x}$（n 为测定次数）：

$$\bar{x}=\frac{x_1+x_2+\cdots x_n}{n}=\frac{1}{n}\sum_{i=1}^{n}x_i \tag{1-4}$$

任意一次测定数据的绝对偏差：

$$d_i=x_i-\bar{x} \tag{1-5}$$

相对偏差是绝对偏差占算术平均值的百分数，即

$$相对偏差=\frac{d}{\bar{x}}\times100\% \tag{1-6}$$

平均偏差是指各次偏差的绝对值的平均值。

$$平均偏差\,\bar{d}=\frac{|d_1|+|d_2|+\cdots|d_n|}{n}=\frac{\sum_{i=1}^{n}|d_i|}{n} \tag{1-7}$$

其中 $d_1=x_1-\bar{x}$，$d_2=x_2-\bar{x}$，$\cdots$，$d_n=x_n-\bar{x}$。

相对平均偏差是指平均偏差占算术平均值（$\bar{x}$）的百分数。

$$相对平均偏差 = \frac{\overline{d}}{\overline{x}} \times 100\% \qquad (1-8)$$

（2）标准偏差

标准偏差又叫均方根偏差，是用数理统计的方法处理数据时，衡量精密度的一种表示方法，其符号为 S。当测定次数不多时（$n<20$），则

$$S = \sqrt{\frac{d_1^2 + d_2^2 + d_n^2}{n-1}} = \sqrt{\frac{\sum_{i=1}^{n} d_i^2}{n-1}} \qquad (1-9)$$

相对标准偏差又称为变动系数，是标准偏差占算术平均值的百分数。

$$变动系数 C_v = \frac{S}{\overline{x}} \times 100\% \qquad (1-10)$$

用标准偏差表示精密度比平均偏差好，因为将单次测定的偏差平方之后，较大的偏差能更好地反映出来，能更清楚地说明数据的分散程度。

3. 准确度与精密度的关系

如前所述，准确度是由系统误差和随机误差决定的，所以要获得很高的准确度，则必须有很高的精密度。而精密度是由随机误差决定的，与系统误差无关，即使有系统误差存在，并不妨碍结果的精密度。因此，分析结果的精密度很高，并不等于准确度也很高（图 1-1）。

（a）准确且精密　　　（b）不准确但精密　　　（c）准确但不精密　　　（d）不准确且不精密

图 1-1　准确度与精密度的关系图

结论：精密度是保证准确度的前提。精密度好，准确度不一定好，可能有系统误差存在。精密度不好，衡量准确度无意义。

在确定消除了系统误差的前提下，精密度可表达准确度。常量分析要求误差小于 0.1% ~ 0.2%。

（三）提高分析结果准确度的方法

准确度表示分析结果的正确性，决定于系统误差和随机误差的大小，因此，要获得准确的分析结果，必须尽可能地减少系统误差和随机误差。

1. 消除系统误差

（1）选择合适的分析方法

不同的分析方法，其准确度和灵敏度各不相同，为了减小方法误差对测定结果的影响，必须对不同方法的准确度和灵敏度有所了解。一般情况下，重量分析法和滴定分析法的灵敏度不高，但相对误差较小，适用于高含量组分的测定，一般不能用于测定低含量的组分，否则将会造成较大的误差。因此在对样品进行分析时，必须对样品的性质和待测组分的含量有所了解，以便选择合适的分析方法。

（2）减小测量误差

在定量分析中，一般要经过很多测量步骤，而每一测量步骤都可能引入误差，因此要获得准确的分析结果，必须减少每一步骤的测量误差。

不同的仪器其准确度是不一样的，因此必须掌握每一种仪器的性能，才能提高分析测定的准确度。例如，万分之一的分析天平，其绝对误差为±0.0001 g，为了使称量的相对误差在 0.1%以下，试样的质量必须在 0.2 g 以上。

（3）对照试验

对照实验是用已知准确含量的标准样品，按分析试样所用的方法，在相同条件下进行测定。对照试验用于检验分析方法的系统误差，若误差太大，说明需要改进分析方法或更换分析方法，若误差不大，可以通过对照试验求出校正系数，用来校正分析结果。

$$校正系数=\frac{标准样品的含量}{标准试样的分析结果} \tag{1-11}$$

（4）空白试验

空白试验是在不加待测试样的情况下，按分析试样所用的方法在相同的条件下进行的测定，其测定结果为空白值。从试样分析结果扣除空白值，就可以得到比较可靠的分析结果。空白试验主要用于消除试剂、蒸馏水和仪器带入的杂质所引入的系统误差。

（5）校正仪器

仪器不准确引起的系统误差，可以通过校准仪器减少其影响。例如，砝码、移液管和滴定管等，在精确的分析中必须进行校准。在日常分析中，因仪器出厂时已校准，一般不需要进行校正。

2. 减小随机误差

由于随机误差的分布服从正态分布的规律，因此采用多次重复测定取其算术平均值的方法，可以减小随机误差。重复测定的次数越多，随机误差的影响越小，但过多的测定次数不仅耗时太多，而且浪费试剂，因而受到一定的限制。在一般的分析中，通常要求对同一样品平行测定 2 ~ 4 次即可。

二、数据处理与结果表述

（一）有效数字及其运算规则

在定量分析中，为了获得准确的分析结果，必须正确合理地记录和计算。因此需要了解有效数字及其运算规则。

1. 有效数字及位数

有效数字是指在分析工作中实际可以测量的数字。它包括确定的数字和最后一位估计的不确定的数字。它不仅能表示测量值的大小，还能表示测量值的精度。例如，用万分之一的分析天平称得的坩埚质量为 20.128 7 g，则表示该坩埚的质量为 20.128 6 ~ 20.128 8 g。因为分析天平有 ±0.000 1 g 的误差。20.1287 有 6 位有效数字，前五位是确定的，最后一位"7"是不确定的、可疑的数字。如将此坩埚放在百分之一天平上称量，其质量应为（20.12±0.01）g。因为百分之一天平的称量精度为 ±0.01 g。20.12 为四位有效数字。再如，用刻度为 0.1 mL 的滴定管测量溶液的体积为 32.00 mL，表示可能有 ±0.01 mL 的误差。"32.00"的数字中，前三位是准确的，最后一位"0"是估计的、可疑的，但它们都是实际测得的，应全部有效，是四位有效数字。

有效数字的位数可以用下列几个数据说明：

2.312 4	17.334	五位有效数字
0.700 0	18.14	四位有效数字
0.083 0	$2.73×10^{-6}$	三位有效数字
0.009 0	8.0	两位有效数字
0.007	0.4	一位有效数字

数字中的"0"有双重意义。当它用于指示小数点的位置，而与测量的准确度无关时，它不是有效数字；当它用于表示与测量准确度有关的数值大小时，则为有效数字。这与"0"在数值中的位置有关。

（1）非零数字左边的"0"不是有效数字，仅起定位作用。如 0.003 2 是两位有效数字，0.000 9 是一位有效数字。

（2）非零数字中间的"0"是有效数字。如 2.005 4 是五位有效数字，0.0102 是三位有效数字。

（3）数值中最后一个非零数字后面的"0"是有效数字。如 3.500 是四位有效数字，0.305 0 是四位有效数字。

（4）以"0"结尾的整数，有效数字的位数难以判断，必须要依靠计量仪器的精度加以判断。如 250 mg，若用普通的托盘天平称量的话，则为 0.25 g 有效数字为两位，若用万分之一的分析天平称量的话，则为 0.250 0 g，有效数字为四位。在这种情况下，最好写成指数形式，前者为 $2.5×10^{-1}$ g，后者为 $2.500×10^{-1}$ g。

还有像 pH、pM、$\lg K$ 等对数值，其有效数字的位数仅取决于小数部分数字的位数，整数部分只起定位作用，如 pH=7.00，只有两位有效数字，pH=7.0，只有一位有效数字。

2. 有效数字的运算规则

（1）记录测定结果时，只保留一位可疑数据。

（2）有效数字的位数确定后多余的位数应舍弃。舍弃的方法，目前一般采用"四舍六入，五后有数就进一，五后没数看单双"的规则进行修约。即当尾数≤4，弃去；尾数≥6 时进位；尾数等于 5 时，5 后有数就进位，若 5 后无数或为零时，则尾数 5 之前一位为偶数就弃去，若为奇数就进位。例如，将下列数据修约为四位有效数字。

3.272 4→3.272；5.376 6→5.377；4.281 52→4.282；2.862 50→2.862

（3）加减运算。几个数字相加或相减时，它们的和或差的有效数字的保留应以小数点后位数最少（即绝对误差最大）的数为准，将多余的数字修约后再进行加减运算。

（4）乘除运算。几个数相乘或相除时，它们的积或商的有效数字的保留应以有效数字的位数最少（相对误差最大）的数为准，将多余的数字修约后再进行乘除。

（5）表示准确度和精密度时一般只取一位有效数字，最多取两位有效数字。

（二）可疑值的取舍

在一定的条件下，进行重复测定得到的一系列数据具有一定的分散性，这种分散性反映了随机误差的大小，也就是说这些数据可以是来自同一总体的。如果实验条件发生了改变，使实验中出现了系统误差，则测定的这些数据就有可能不是来自同一总体。我们将与正常数据不是来自同一总体，明显歪曲实验结果的测量数据称为离群数据。可能会歪曲实验结果，但尚未经检验断定其是离群数据的测量数据，称为可疑数据。

在数据处理时，对于离群数据要剔除，对于可疑数据要检验，使测定结果更符合实际。只有经过统计检验判断确实属于离群数据的测量数据才可以剔除。所以，对可疑数据的取舍必须要采用统计的方法进行判别，即离群数据的统计检验。检验的方法很多，常用的比较严格而又使用方便的方法是 Q 检验法。

Q 检验法的步骤如下：

（1）把测得的数据按从小到大排列：x_1，x_2，x_3，...，x_{n-1}，x_n。其中 x_1 和 x_n 为可疑值。

（2）将可疑值与相邻的一个数值的差，除以最大值与最小值之差（常称为极差），所得的商即为 Q 值，即

$$Q = \frac{x_2 - x_1}{x_n - x_1} \qquad （检验 x_1） \qquad （1-12）$$

$$Q = \frac{x_n - x_{n-1}}{x_n - x_1} \qquad （检验 x_n） \qquad （1-13）$$

（3）根据测定次数 n 和要求的置信度（测定值出现在某一范围内的概率）p，查表 1-1 得 Q_p。

（4）将 Q 值与 Q_p 比较，若 $Q > Q_p$，则可疑值应舍弃，否则应保留。

表 1-1　Q 值表

测定次数 n	置信度 p		
	90%（$Q_{0.90}$）	96%（$Q_{0.96}$）	99%（$Q_{0.99}$）
3	0.94	0.98	0.99
4	0.76	0.85	0.93
5	0.64	0.73	0.82
6	0.56	0.61	0.74
7	0.51	0.59	0.68
8	0.47	0.54	0.63
9	0.44	0.51	0.60
10	0.41	0.48	0.57

任务一　水分析的数据处理

❖ 任务描述 ❖

有某水样，经测定其污染物的浓度为 76.19 mg·L^{-1}、75.23 mg·L^{-1}、77.91 mg·L^{-1}、75.66 mg·L^{-1}、75.68 mg·L^{-1}、75.58 mg·L^{-1}、75.80 mg·L^{-1}。①用 Q 值检验法检验最小值和最大值是否有舍弃数据（置信度 90%）；②计算结果的平均值 $\bar{x}$ 和标准偏差 S；③求出该组数据的相对标准差 C_v 和极差；④若该水样的污染物含量真值为 75.50，求出该组的准确度（平均绝对误差和平均相对误差）。

1. 检验是否有可舍弃数据

将测量数据按从小到大的顺序排列为 75.23、75.58、75.66、75.68、75.80、76.19、77.91，其中最大值 x_n=77.91，最小值 x_1=75.23。

检验最小值，x_1=75.23，n=7，x_2=75.58，x_n=77.91。

则 $Q = \dfrac{x_2 - x_1}{x_n - x_1} = \dfrac{75.58 - 75.23}{77.91 - 75.23} = 0.13$

查表 1-2，n=7，置信度 90% 时 $Q_{0.90}$=0.51。

$Q < Q_{0.90}$，故最小值 75.23 为正常值。

检验最大值，x_n=77.91，n=7，x_1=75.23，x_{n-1}=76.19。

则 $Q = \dfrac{x_n - x_{n-1}}{x_n - x_1} = \dfrac{77.91 - 76.19}{77.91 - 75.23} = 0.64$

查表 1-2，n=7，信度 90% 时 $Q_{0.90}$=0.51，故最大值为离群数据，应该剔除。

2. 计算结果的平均值 $\bar{x}$ 和标准偏差 S

$$\bar{x} = \frac{75.23 + 75.58 + 75.66 + 75.68 + 75.80 + 76.19}{6} = 75.69$$

$$S = \sqrt{\frac{\sum_{i=1}^{n}(x_i - \bar{x})^2}{n-1}} = 0.31$$

3. 求出该组数据的相对标准差 C_v 和极差

标准偏差 S=0.31

相对标准差 $C_v = \dfrac{S}{\bar{x}} \times 100\% = 0.41\%$

极差 $R = x_{max} - x_{min} = 76.19 - 75.23 = 0.96$

该组数据的精密度以标准偏差 S 表示为 0.31，以相对标准差 C_v 表示为 0.41%，以极差 R 表示为 0.96。

4. 求出该组的准确度

平均绝对误差 $= \bar{x} -$ 真值 $= 75.69 - 75.50 = 0.19$

平均相对误差 $= \dfrac{0.19}{75.50} \times 100\% = 0.25\%$

该组数据的准确度以平均绝对误差表示为 0.19，以平均相对误差表示为 0.25%。

项目二 酸碱滴定法

（1）了解酸碱的定义；

（2）掌握各种水溶液 pH 值的计算；

（3）掌握各种类型酸碱标准溶液的配制及标定；

（4）掌握水中碱度的分析方法。

❖ 基础知识 ❖

一、酸碱理论

（一）酸碱电离理论

酸碱电离理论是瑞典化学家阿伦尼乌斯首先提出的，该理论认为：在水中电离时所生成的阳离子全部是 H^+ 的物质叫作酸；电离时所生成的阴离子全部是 OH^- 的物质叫作碱。H^+ 是酸的特征，OH^- 是碱的特征。酸碱反应的实质就是 H^+ 与 OH^- 反应生成 H_2O。

酸碱的电离理论从物质的化学组成上揭示了酸碱的本质，但这一理论是有局限性的：其一，电离理论中的酸、碱两种物质包括的范围小，不能解释 NaAc 溶液呈碱性、NH_4Cl 溶液呈酸性的事实。其二，电离理论仅适用于水溶液，对于非水溶液和无溶剂体系中的物质及有关反应无法解释。如 HCl 和 NH_3 直接反应生成 NH_4Cl。为了克服电离理论的局限性，布朗斯特和劳莱提出了酸碱质子理论。

（二）酸碱质子理论

1. 酸碱的定义

质子理论认为：凡是能给出质子的物质是酸，凡是能接受质子的物质是碱，酸和碱可以是分子也可以是离子。

根据酸碱质子理论，酸和碱不是孤立的，酸给出质子后转变为碱，碱接受质子后转变为酸。

$$酸 \rightleftharpoons 质子+碱$$
$$HAc \rightleftharpoons H^+ + Ac^-$$
$$NH_4^+ \rightleftharpoons H^+ + NH_3$$
$$H_2PO_4^- \rightleftharpoons H^+ + HPO_4^{2-}$$
$$HPO_4^{2-} \rightleftharpoons H^+ + PO_4^{3-}$$

酸碱的这种对应情况叫作共轭关系。像 HPO_4^{2-} 既可以给出质子又可以接受质子的物质称为两性物质。质子酸碱的强弱是根据给出或接受质子的难易来区分的。显然酸越强，它的共轭碱越弱；反之，酸越弱，它的共轭碱越强。

2. 酸碱反应

根据酸碱质子理论，酸碱反应的实质是共轭酸碱对之间的质子传递反应。例如：

$$HCl + NH_3 \rightleftharpoons NH_4^+ + Cl^-$$

在上述反应中，HCl 把质子给了 NH_3，转变为 Cl^-，NH_3 接受质子转变为 NH_4^+，$HCl\text{-}Cl^-$、$NH_3\text{-}NH_4^+$ 称为共轭酸碱对。

酸的电离及盐类水解也是酸碱反应。例如，弱酸 HAc 在水中的电离：

$$HAc + H_2O \rightleftharpoons H_3O^+ + Ac^-$$

再如 NaAc 的水解：

$$Ac^- + H_2O \rightleftharpoons HAc + OH^-$$

将酸碱质子理论与电离理论加以比较，可以看出，酸碱质子理论扩大了酸碱及酸碱反应的范围。尽管如此，酸碱电离理论仍具有很重要的作用。当人们提及三大强酸时，自然想到的是 H_2SO_4、HCl、HNO_3。在酸碱质子理论中，当谈及某种物质是酸或是碱时，必须同时提及其共轭碱或共轭酸。H_2O、HCO_3^- 是常见的两性物质，而 NH_3、HAc、HNO_3 是酸是碱也难以确定，因为有 NH_2^-、NH_4^+、H_2Ac^+、$H_2NO_3^+$ 这样的物质存在。

二、水溶液的酸碱平衡

（一）电离常数

在一定温度下，弱电解质电离成离子的速率与离子重新结合成弱电解质的速率相等时，则电离达到平衡状态，称为电离平衡。弱电解质 AB 的电离方程式可表示如下：

$$AB \rightleftharpoons A^+ + B^-$$

达到电离平衡时，AB、A^+、B^-的浓度不再发生变化，弱电解质 AB 的电离平衡表达式可表示为

$$K = \frac{c(A^+) \cdot c(B^-)}{c(AB)} \tag{2-1}$$

K 称为电离平衡常数，简称为电离常数。它只与弱电解质的本性及温度有关，而与弱电解质的浓度无关。弱酸的电离平衡常数简称为酸常数，弱碱的电离平衡常数简称为碱常数。常见的弱酸、弱碱的电离常数见附录 E。

（二）电离度

电解质在水溶液中已电离的部分与其全量之比称为电离度，符号为 α，一般用百分数表示。电解质在水溶液中已电离的部分和离解前电解质的全量可以是分子数、质量、物质的量、浓度等。

$$\alpha = \frac{已离解的部分}{离解前的全量} \times 100\%$$

（三）水的离子积和 pH 值

1. 水的离子积

水是最常见的物质，也是常用的溶剂，同时又是一种较特殊的物质。在酸碱电离理论中，水的电离方程写成如下形式：

$$H_2O \rightleftharpoons H^+ + OH^-$$

实际上应写成：

$$H_2O + H_2O \rightleftharpoons H_3O^+ + OH^-$$

显然，水分子间发生了质子传递作用，称为水的质子自递作用。

因此，水既是质子酸又是质子碱，水的质子自递作用也是可逆的酸碱反应。达到平衡状态时：

$$K_w = c(H_3O^+) \cdot c(OH^-)$$

简写为

$$K_w = c(H^+) \cdot c(OH^-) \tag{2-2}$$

K_w 称为水的离子积常数，简称水的离子积。在一定温度下，K_w 是一个常数。

298.15 K 时，$c(H^+) = c(OH^-) \approx 1.0 \times 10^{-7}$，$K_w \approx 10^{-14}$。

由于水的质子自递是吸热反应，故 K_w 随温度的升高而增大。298.15 K 时，$K_w = 1.0 \times 10^{-14}$。温度升至 373.15 K 时，$K_w = 5.50 \times 10^{-13}$。

2. 水溶液的 pH 值

K_w 是温度的函数，不论是在纯水中还是在水溶液中均是如此，也就是说，在一定的温度下，H^+ 和 OH^- 浓度的乘积是一个常数，知道了 $c(H^+)$，也就可以算出 $c(OH^-)$。一般情况下，$c(H^+)$ 和 $c(OH^-)$ 均较小，为方便起见，常用 pH 值，即 H^+ 浓度的负对数表示水溶液的酸碱性，当然也可用 OH^- 的浓度的负对数 pOH 表示。

$$pH = -\lg c(H^+)$$
$$pOH = -\lg c(OH^-)$$

298.15 K 时，$c(H^+) \cdot c(OH^-) = 1.0 \times 10^{-14}$。

$$pH + pOH = 14$$

当 $c(H^+) = c(OH^-) = 10^{-7}$ mol·L^{-1} 时 pH=7，溶液呈中性；

$c(H^+) > c(OH^-)$，$c(H^+) > 10^{-7}$ mol·L^{-1} 时 pH<7，溶液呈酸性；

$c(H^+) < c(OH^-)$，$c(H^+) < 10^{-7}$ mol·L^{-1} 时 pH>7，溶液呈碱性。

pH 值的应用范围为 0~14，即溶液中的 H^+ 浓度范围为 1~10^{-14} mol·L^{-1}。当溶液中的 $c(H^+)$ 或 $c(OH^-)$ 大于 1 mol·L^{-1} 时，溶液的酸碱度一般直接用 $c(H^+)$ 或 $c(OH^-)$ 表示。

需要指出的是，人们常说 pH 值等于 7 的溶液呈中性，这里有一个前提条件：温度为 298.15 K，严格来说，中性溶液指的是 $c(H^+) = c(OH^-)$ 的溶液。

（四）共轭酸碱对 K_a 和 K_b 的关系

HAc 与 Ac$^-$ 为共轭酸碱对，在水溶液中：

$$HAc \rightleftharpoons H^+ + Ac^-$$
$$Ac^- + H_2O \rightleftharpoons HAc + OH^-$$

HAc 的酸常数表达式为

$$K_a = \frac{c(H^+) \cdot c(Ac^-)}{c(HAc)} \tag{2-3}$$

Ac$^-$ 的碱常数表达式为

$$K_b = \frac{c(HAc) \cdot c(OH^-)}{c(Ac^-)} \tag{2-4}$$

而水的离子积表达式为

$$K_w = c(H^+) \cdot c(OH^-)$$

显然

$$K_a \cdot K_b = K_w \qquad (2\text{-}5)$$

上式就是共轭酸碱对 K_a 和 K_b 的关系式。只要知道酸常数，就能求出共轭碱的碱常数，反之亦然。

三、水溶液 pH 值的计算

（一）一元弱酸（弱碱）溶液

1. 一元弱酸（弱碱）溶液中 H^+（OH^-）浓度的计算

（1）一元弱酸以 HAc 为例。设其初始浓度为 c，当 $c \cdot K_a \geqslant 20 K_w$ 时，可以忽略水的质子自递产生的 H^+。

$$HAc \rightleftharpoons H^+ + Ac^-$$

初始浓度　　　c　　　　　0　　　　　0

平衡浓度　　$c(HAc)$　　$c(H^+)$　　$c(Ac^-)$

平衡时，$c(H^+) = c(Ac^-)$，$c(HAc) = c - c(H^+)$，则

$$K_a = \frac{c(H^+) \cdot c(Ac^-)}{c(HAc)} = \frac{c^2(H^+)}{c - c(H^+)}$$

当 $c/K_a \geqslant 500$ 时，$\alpha < 5\%$，相对误差约为 2%。在准确度基本满足计算要求的情况下，为使计算简便，设 $c(HAc) = c - c(H^+) \approx c$，则 $K_a = \dfrac{c^2(H^+)}{c}$。

由此可得计算一元弱酸溶液中 H^+ 浓度的近似公式：

$$c(H^+) = \sqrt{K_a \cdot c} \qquad (2\text{-}6)$$

当 $c/K_a < 500$，则 $\alpha > 5\%$，此时需解以 $c(H^+)$ 为未知数的一元二次方程：

$$K_a = \frac{c^2(H^+)}{c - c(H^+)}$$

$$c^2(H^+) + K_a \cdot c(H^+) - c \cdot K_a = 0$$

为使得到的解有意义，即 $c(H^+)$ 为正值，则

$$c(H^+) = -\frac{K_a}{2} + \sqrt{\frac{K_a^2}{4} + c \cdot K_a} \qquad (2\text{-}7)$$

上式为计算一元弱酸溶液中 H^+ 浓度的精确公式。

（2）同样的方法可以计算一元弱碱溶液中 $c(OH^-)$ 的计算公式。

当 $c/K_b \geqslant 500$ 时，

$$c(OH^-) = \sqrt{K_b \cdot c} \qquad (2\text{-}8)$$

则当 $c/K_b < 500$ 时，

$$c(OH^-) = -\frac{K_b}{2} + \sqrt{\frac{K_b^2}{4} + c \cdot K_b} \qquad (2\text{-}9)$$

2. 同离子效应和盐效应

（1）同离子效应

在 HAc 水溶液中，当电离达到平衡后，加入适量的 NaAc 固体，使溶液中 Ac^- 的浓度增大，由浓度对化学平衡移动的影响可知，酸碱平衡向左移动，从而降低了 HAc 的电离度。显而易见，在 HAc 溶液中加入适量的 HCl 等强酸，HAc 的电离度也将降低。

$$HAc \Longrightarrow H^+ + Ac^-$$

同理，在氨水中加入适量的固体 NH_4Cl 或 NaOH 等，则平衡向左移动，氨水的电离度降低。

$$NH_3 \cdot H_2O \Longrightarrow NH_4^+ + OH^-$$

这种在弱酸或弱碱溶液中，加入含有相同离子的易溶强电解质使弱酸或弱碱的电离度降低的现象，叫作同离子效应。

(2)盐效应

在弱酸或弱碱溶液中，加入不含相同离子的易溶强电解质，如在 HAc 溶液中加入 NaCl。由于溶液中离子强度增大，H^+ 和 Ac^- 的有效浓度降低，平衡向解离的方向移动，HAc 的电离度将增大，这种现象称为盐效应。

同离子效应发生时也伴随有盐效应，二者相比较，前者比后者强得多，在一般计算中，可以忽略盐效应。

（二）多元弱酸、多元弱碱溶液

可以给出两个或两个以上质子的弱酸，叫作多元弱酸。多元弱酸在水溶液中是分步给出质子的，每一步都有相应的酸常数。以二元弱酸 H_2S 为例说明多元弱酸水溶液中有关浓度的计算。

第一步　　　　$H_2S \rightleftharpoons H^+ + HS^-$　　　$K_{a_1} = 1.3 \times 10^{-7}$

第二步　　　　$HS^- \rightleftharpoons H^+ + S^{2-}$　　　$K_{a_2} = 7.1 \times 10^{-15}$

由于 $K_{a_1} \gg K_{a_2}$，说明 HS^- 给出质子的能力比 H_2S 小得多，因此在实际计算过程中，当 $c/K_{a_1} > 500$ 时，可按一元弱酸近似计算，即

$$c(H^+) = \sqrt{K_{a_1} \cdot c}$$

在氢硫酸 H_2S 中，第一步给出的 H^+ 和生成 HS^- 的浓度是相等的，由于第二步 HS^- 给出的 H^+ 和消耗的 HS^- 都很少，可认为溶液中的 $c(H^+) \approx c(HS^-)$。由 HS^- 的酸常数表达式：

$$K_{a_2} = \frac{c(H^+) \cdot c(S^{2-})}{c(HS^-)}$$

可得　　　　$$c(S^{2-}) = \frac{K_{a_2} \cdot c(HS^-)}{c(H^+)} \approx K_{a_2}$$

对于纯粹的二元弱酸，如果 $K_{a_1} \gg K_{a_2}$，则酸根离子浓度其数值近似等于 K_{a_2}，与二元弱酸的起始浓度无关。

（三）两性物质溶液

常见的两性物质如 $NaHCO_3$、NaH_2PO_4、NH_4Ac 等，$NaHCO_3$ 的两性表现在其溶于水后产生的 HCO_3^- 上，

$$HCO_3^- \rightleftharpoons H^+ + CO_3^{2-}$$

$$HCO_3^- + H_2O \rightleftharpoons H_2CO_3 + OH^-$$

经推导，$c(H^+)$ 可按下式计算：

$$c(H^+) = \sqrt{K_{a_1} \cdot K_{a_2}}$$

$$pH = \frac{1}{2}(pK_{a_1} + pK_{a_2}) \tag{2-10}$$

NaH_2PO_4 溶液中 H^+ 浓度计算与 $NaHCO_3$ 相似，而 Na_2HPO_4 溶液中，

$$c(H^+) = \sqrt{K_{a_2} \cdot K_{a_3}}$$

$$pH = \frac{1}{2}(pK_{a_2} + pK_{a_3}) \tag{2-11}$$

NH_4Ac 也是两性物质，它在溶液中的酸碱平衡可表示如下：

$$NH_4^+ + H_2O \rightleftharpoons NH_3 + H_3O^+$$

$$Ac^- + H_2O \rightleftharpoons HAc + OH^-$$

以 K_a 表示 NH_4^+ 的酸常数，以 K_b 表示 Ac^- 的碱常数，经推导得

$$c(H^+) = \sqrt{\frac{K_w \cdot K_a}{K_b}}$$ （2-12）

从上述公式可知 NH_4Ac 这类两性物质溶液呈酸性、碱性或中性，取决于 K_a 和 K_b 的相对大小，有下列三种情况：

（1）当 $K_a > K_b$ 时，$c(H^+) > \sqrt{K_w}$，溶液呈酸性；

（2）当 $K_a = K_b$ 时，$c(H^+) = \sqrt{K_w}$，溶液呈中性；

（3）当 $K_a < K_b$ 时，$c(H^+) < \sqrt{K_w}$，溶液呈碱性。

四、缓冲溶液

（一）缓冲溶液的缓冲原理

1. 缓冲溶液的定义及组成

（1）定义：能够抵抗少量外加酸、碱和水稀释，而本身 pH 值几乎不改变的溶液称为缓冲溶液。

（2）组成：常见的缓冲溶液由弱酸及其共轭碱、弱碱及其共轭酸组成。组成缓冲溶液的弱酸及其共轭碱或弱碱及其共轭酸，叫作缓冲对或缓冲系。

2. 缓冲原理

以 HAc-NaAc 缓冲溶液为例，HAc 溶液存在如下酸碱平衡：

$$HAc \rightleftharpoons H^+ + Ac^-$$

加入 NaAc 后，NaAc 完全电离。

$$NaAc \Longrightarrow Na^+ + Ac^-$$

由于同离子效应，HAc 的电离度降低，溶液中，H^+ 浓度很小。在缓冲溶液中，存在大量的 HAc 分子及 Ac^- 离子。当往缓冲溶液中加入少量强酸（如 HCl）时，强电解质电离出的 H^+ 绝大部分与 Ac^- 溶液结合生成 HAc，溶液中 H^+ 浓度改变很少，即 pH 值保持了相对稳定，溶液中的 Ac^- 是抗酸成分。如果加入少量的强碱，强碱电离出来的大部分 OH^- 就会与 HAc 反应生成 H_2O 和 Ac^-，溶液中 OH^- 浓度没有明显变化，溶液的 pH 值也同样保持了相对稳定，HAc 是抗碱成分。当加入适量的水稀释时，$c(H^+)$ 会降低，但由于 HAc 电离度增加，$c(H^+)$ 变化也不大，溶液的 pH 值

也几乎不改变。总之，缓冲溶液具有保持 pH 值相对稳定的性能，即具有缓冲作用。

弱碱及共轭酸体系的缓冲溶液也具有缓冲作用。

（二）缓冲溶液的 pH 值的计算

以 HAc-Ac⁻ 共轭酸碱对组成的缓冲溶液为例。

$$HAc \rightleftharpoons H^+ + Ac^-$$

$$NaAc \rightleftharpoons Na^+ + Ac^-$$

电离常数

$$K_a = \frac{c(H^+) \cdot c(Ac^-)}{c(HAc)}$$

所以

$$c(H^+) = K_a \cdot \frac{c(HAc)}{c(Ac^-)}$$

由于 HAc 的电离度很小，加上 Ac⁻ 的同离子效应，使 HAc 的电离度更小，故上式中的 $c(HAc)$ 可近似地认为就是 HAc 的初始浓度 c_a，上式中的 $c(Ac^-)$ 可近似地认为就是 NaAc 的浓度，$c(Ac^-) = c_b$ 带入上式得

$$c(H^+) = K_a \cdot \frac{c_a}{c_b} \qquad\qquad （2-13）$$

$$pH = pK_a - \lg \frac{c_a}{c_b} \qquad\qquad （2-14）$$

在一定的温度下，对于某一种质子弱酸，K_a 是一个常数，由式（2-13）可以看出 $c(H^+)$ 或 pH 值与弱酸及其共轭碱的浓度的比值有关。

对于弱碱 NH₃（或 NH₃·H₂O）及其共轭酸 NH₄⁺（如 NH₄Cl）组成的缓冲溶液，若以 K_a 表示 NH₄⁺ 的酸常数，c_a 表示 NH₄Cl 的初始溶液，c_b 表示 NH₃ 的浓度，同样可以导出式（2-13）、式（2-14）两个公式。

（三）缓冲容量和缓冲范围

缓冲容量 β 是衡量缓冲溶液缓冲作用大小的量。体积相同的两种缓冲溶液，当加入等量的酸或碱时，pH 值变化小的缓冲溶液其缓冲作用强。从另一方面也可以衡量缓冲溶液缓冲作用的大小，即缓冲溶液的 pH 值改变相同值时，需加入的强酸或强碱越多，则该缓冲溶液的缓冲作用越强。

影响缓冲容量的因素有两个：其一，当缓冲溶液的缓冲组分的浓度比一定时，体系中两组分的浓度越大缓冲容量越大，一般两组分的浓度控制在 0.05 ~ 0.5 mol·L⁻¹ 之间较合适；其二，当两缓冲组分一定时，缓冲组分的浓度比越接近 1，则缓冲容量越大，等于 1 时，缓冲容量最大。通常缓冲溶液的两组分的浓度比

控制在 0.1～10 之间，超出此范围则由于缓冲容量太小而认为失去缓冲作用。

根据公式 $pH = pK_a - lg\dfrac{c_a}{c_b}$ 时，当 $\dfrac{c_a}{c_b} = \dfrac{1}{10} = 0.1$ 时，$pH = pK_a + 1$；当 $\dfrac{c_a}{c_b} = \dfrac{10}{1} = 10$ 时，$pH = pK_a - 1$。$pH = pK_a \pm 1$ 称为缓冲范围，不同缓冲对组成的缓冲溶液，由于 pK_a 不同，其缓冲范围也各异。

（四）缓冲溶液的选择和配制

1. 缓冲溶液的选择

常用的缓冲溶液是由一定浓度的缓冲对组成的，一般来说，不同的缓冲溶液具有不同的缓冲容量和缓冲范围。实际工作中，为了满足需要，在选择缓冲溶液时应注意以下两个方面。

（1）为了满足化学反应在某 pH 值范围内进行，缓冲溶液的缓冲组分不应参与反应。

（2）为了保证缓冲溶液具有足够的缓冲容量，缓冲对除了应有适量的足够浓度外，根据 $pH = pK_a - lg\dfrac{c_a}{c_b}$ 及 $\dfrac{c_a}{c_b} = 1$ 时缓冲容量最大这一特点，应选择 pK_a 与 pH 最接近的弱酸及其共轭碱来配制缓冲溶液。

2. 缓冲溶液的配制

缓冲溶液的配制方法常用的有以下三种。

（1）在一定量的弱酸（或弱碱）溶液中加入固体共轭碱（或酸）。

（2）用相同浓度的弱酸（或弱碱）与其共轭碱（或酸）溶液，按适当体积比混合。

假设弱酸及其共轭碱溶液的浓度都是 c，设所取体积分别为 V_a、V_b。混合后溶液的总体积为 V，浓度分别为 c_a、c_b，则：

$$c_a = \frac{c \cdot V_a}{V}, \quad c_b = \frac{c \cdot V_b}{V}$$

即

$$\frac{c_a}{c_b} = \frac{\dfrac{c \cdot V_a}{V}}{\dfrac{c \cdot V_b}{V}} = \frac{V_a}{V_b}$$

将上式带入 $c(H^+) = K_a \cdot \dfrac{c_a}{c_b}$ 及 $pH = pK_a - lg\dfrac{c_a}{c_b}$ 中，得

$$c(\mathrm{H^+}) = K_\mathrm{a} \cdot \frac{V_\mathrm{a}}{V_\mathrm{b}}$$

$$\mathrm{pH} = \mathrm{p}K_\mathrm{a} - \lg \frac{V_\mathrm{a}}{V_\mathrm{b}}$$

（3）在一定量的弱酸（碱）中加入一定量的强碱（酸），通过酸碱反应生成的共轭碱（酸）与剩余的弱酸（碱）组成缓冲溶液。

缓冲溶液通常认为有两类，前面所讲的由缓冲对组成的缓冲溶液，是用来控制溶液酸度的；另有一类所谓的标准缓冲溶液，是用作测量溶液 pH 值的参照溶液（表 2-1）。当用酸度计测量溶液的 pH 值时，用它来校正仪器。如 25 ℃ 时，0.010 mol·L⁻¹ 硼砂溶液，经准确测定，其 pH 值为 9.18。

表 2-1　常用的标准缓冲溶液

pH 标准溶液	pH（实验值，298 K）
饱和酒石酸氢钾（0.34 mol·L⁻¹）	3.56
0.05 mol·L⁻¹ 邻苯二甲酸氢钾	4.01
0.025 mol·L⁻¹KH₂PO₄-0.025 mol·L⁻¹ Na₂HPO₄	6.86
0.01 mol·L⁻¹ 硼砂	9.18

五、酸碱指示剂

（一）酸碱指示剂的变色原理

酸碱滴定过程本身不发生任何外观的变化，常借用其他物质来指示滴定终点。在酸碱滴定中用来指示滴定终点的物质叫酸碱指示剂。酸碱指示剂一般是有机弱酸或弱碱，其酸式与其共轭碱式，具有不同结构，且颜色不同。当溶液 pH 值改变时，指示剂得到质子由碱式转变为酸式，或者失去质子由酸式转变为碱式。由于结构的改变，引起颜色发生变化。

例如，酚酞在水溶液中存在以下平衡：

无色（酸式色）　　　　　　　　红色（碱式色）

由平衡关系可以看出，在酸性条件下，酚酞以无色的分子形式存在，是内酯结构；在碱性条件下，转化为醌式结构的阴离子，显红色。

又如甲基橙，它的碱式为偶氮式结构，呈黄色；酸式为醌式结构，呈红色（结构如下）。

NaO₃S—[benzene ring]—N=N—[benzene ring]—N(CH₃)₂ 黄色（碱式色）

HO₃S—[benzene ring]—N⁺H=N—[benzene ring]—N(CH₃)₂ 红色（酸式色）

当溶液的酸度增大到一定程度，甲基橙主要以醌式结构的离子形式存在，溶液呈红色；酸度降低到一定程度，则主要以偶氮式结构存在，溶液呈黄色。

（二）指示剂的变色范围

下面以有机弱酸指示剂 HIn 为例，讨论指示剂颜色的变化与酸度的关系。

HIn 在水溶液中存在下列离解平衡：

$$HIn \rightleftharpoons H^+ + In^-$$

$$K(HIn) = \frac{c(H^+) \cdot c(In^-)}{c(HIn)}$$

$$\frac{c(In^-)}{c(HIn)} = \frac{K(HIn)}{c(H^+)}$$

指示剂所呈的颜色由 $c(In^-)/c(HIn)$ 决定。一定温度下，$K(HIn)$ 为常数，则 $c(In^-)/c(HIn)$ 的变化取决于 H^+ 的浓度。当 $c(H^+)$ 发生变化时，$c(In^-)/c(HIn)$ 发生变化，溶液的颜色也逐渐改变。根据人的眼睛辨别颜色的能力，当 $c(In^-)/c(HIn) < 0.1$ 时，看到的是指示剂的酸色；$c(In^-)/c(HIn) > 10$ 时，看到的是指示剂的碱色；而当 $0.1 < c(In^-)/c(HIn) < 10$ 时，看到的指示剂的酸式和碱式的混合色。因此 $pH = pK(HIn) \pm 1$，称为指示剂变色的 pH 范围，简称指示剂变色范围。不同的指示剂，其 $K(HIn)$ 值不同，所以其变色范围也不同。常用的酸碱指示剂的变色范围见表 2-2。

表 2-2　常用酸碱指示剂

指示剂	变色范围 pH	颜色		HIn 的 pK_a	浓度
		酸色	碱色		
百里酚蓝（第一次变色）	1.2～2.8	红	黄	1.6	0.1%的 20%乙醇溶液
甲基黄	2.9～4.0	红	黄	3.3	0.1%的 90%乙醇溶液

甲基橙	3.1～4.4	红	黄	3.4	0.05%的水溶液
溴酚蓝	3.1～4.6	黄	紫	4.1	0.01 的 20%乙醇溶液或 其钠盐的水溶液
溴甲酚绿	3.8～5.4	黄	蓝	4.9	0.1%的水溶液，每 100 mg 指示剂加 0.05 mol·L^{-1} NaOH 溶液 2.9 mL
甲基红	4.4～6.2	红	黄	5.2	0.1%的 60%乙醇溶液或 其钠盐的水溶液
溴百里酚蓝	6.0～7.6	黄	蓝	7.3	0.1%的 20%乙醇溶液或 其钠盐的水溶液
中性红	6.8～8.0	红	黄橙	7.4	0.1%的 60%乙醇溶液
苯酚红	6.7～8.4	黄	红	8.0	0.1%的 60%乙醇溶液或 其钠盐的水溶液
酚酞	8.0～10.0	无	红	9.1	0.1%的 90%乙醇溶液
百里酚蓝 （第二次变色）	8.0～9.6	黄	蓝	8.9	0.1%的 20%乙醇溶液
百里酚酞	9.4～10.6	无	蓝	10.0	0.1%的 90%乙醇溶液

当 $c(\text{In}^-)/c(\text{HIn})=1$ 时，$pH = pK(\text{HIn})$，此 pH 值称为指示剂的理论变色点。指示剂的变色范围理论上应该是 2 个 pH 单位，但实测的各种指示剂的变色范围并非如此。这是因为指示剂的实际变色范围不是根据 $pK(\text{HIn})$ 值计算出来的，而是根据人眼通过实验观察的结果得来的。人眼对各种颜色的敏感程度不同，加上指示剂的两种颜色之间相互掩盖，导致实测值与理论值有一定差异。例如，甲基橙 $K(\text{HIn})=4\times10^{-4}$，$pK(\text{HIn})=3.4$，理论变色范围应为 2.4～4.4，而实测范围为 3.1～4.4。当 pH=3.1 时，$c(\text{H}^+)=8\times10^{-4}$ mol·L^{-1}，则 $\dfrac{c(\text{In}^-)}{c(\text{HIn})}=\dfrac{K(\text{HIn})}{c(\text{H}^+)}=\dfrac{4\times10^{-4}}{8\times10^{-4}}=\dfrac{1}{2}$。当

pH=4.4 时，$c(\text{H}^+)=5\times10^{-5}$ mol·L^{-1}，那么 $\dfrac{c(\text{In}^-)}{c(\text{HIn})}=\dfrac{K(\text{HIn})}{c(\text{H}^+)}=\dfrac{4\times10^{-4}}{4\times10^{-5}}=10$。

可见，$c(\text{In}^-)/c(\text{HIn})\geqslant10$ 时，才能看到碱式色（黄色），当 $c(\text{HIn})/c(\text{In}^-)\geqslant2$ 就能观察出酸式色（红色），产生这种差异的原因是人眼对红色比对黄色更为敏感。

（三）混合指示剂

在酸碱滴定中，为了使滴定终点和计量点的 pH 值尽可能一致，希望将滴定终点限制在较窄的 pH 值范围内，这时可采用混合指示剂。

混合指示剂是利用颜色互补使终点变色更加敏锐。混合指示剂有两类。一类是由两种或两种以上的指示剂混合而成。例如，溴甲酚绿和甲基红按一定比例混

合后，酸色为酒红色，碱色为绿色，中间色为浅灰色，变化十分明显。另一类混合指示剂是由某种指示剂和一种惰性染料（如次甲基蓝、靛蓝二磺酸钠等）组成，也是利用颜色互补作用提高颜色变化的敏锐性。常见的酸碱混合指示剂列于表2-3。

表2-3　几种常见的酸碱混合指示剂

指示剂溶液的组成	变色时 pH 值	颜色		备注
		酸色	碱色	
一份 0.1%甲基黄乙醇溶液 一份 0.1%次甲基蓝乙醇溶液	3.25	蓝紫	绿	pH 3.4 绿色 pH 3.2 蓝紫色
一份 0.1%甲基橙水溶液 一份 0.25%靛蓝二磺酸溶液	4.1	紫	黄绿	
一份 0.1%溴甲酚绿钠盐水溶液 一份 0.2%甲基橙水溶液	4.3	橙	蓝绿	pH 3.5 黄色 pH 4.05 绿色 pH 4.8 浅绿
三份 0.1%溴甲酚绿乙醇溶液 一份 0.2%甲基红乙醇溶液	5.1	酒红	绿	
一份 0.1%溴甲酚绿钠盐水溶液 一份 0.1%氯酚红钠盐水溶液	6.1	黄绿	蓝紫	pH 5.4 蓝绿色 pH 5.8 蓝色 pH 6.0 蓝带紫 pH 6.2 蓝紫
一份 0.1%中性红乙醇溶液 一份 0.1%次甲基蓝乙醇溶液	7.0	蓝紫	绿	pH 7.0 蓝紫
一份 0.1%甲酚红钠盐水溶液 一份 0.1%百里酚蓝钠盐水溶液	8.3	黄	紫	pH 8.2 玫瑰红 pH 8.4 紫色
一份 0.1%百里酚蓝 50%乙醇溶液 三份 0.1%酚酞 50%乙醇溶液	9.0	黄	紫	从黄到绿再到紫
一份 0.1%酚酞乙醇溶液 一份 0.1%百里酚酞乙醇溶液	9.9	无	紫	pH 9.6 玫瑰红 pH 10 紫色
一份 0.1%百里酚酞乙醇溶液 一份 0.1%茜素黄 R 乙醇溶液	10.2	黄	紫	

六、酸碱滴定法基本原理

（一）酸碱滴定曲线和指示剂的选择

酸碱滴定法是以酸碱为基础的滴定分析方法，是最重要的和应用最广泛的方法之一。在酸碱滴定过程中，溶液的 pH 值可利用酸度计直接测量出来，也可以通过公式进行计算。以滴定剂的加入量为横坐标、溶液的 pH 值为纵坐标作图，便可得到滴定曲线。

1. 强碱（酸）滴定强酸（碱）

以 $0.1000\ \text{mol}\cdot\text{L}^{-1}$ NaOH 滴定 20.00 mL $0.1000\ \text{mol}\cdot\text{L}^{-1}$ 的 HCl 为例，讨论滴定曲线和指示剂的选择。

（1）滴定前溶液中 $c(\text{H}^+)=0.1000\ \text{mol}\cdot\text{L}^{-1}$，pH=1.00。

（2）滴定开始至化学计量点前，如加入 18.00 mL $0.1000\ \text{mol}\cdot\text{L}^{-1}$ NaOH 溶液（中和百分数为 90%）时：

$$c(\text{H}^+)=0.1000\times\frac{2.00}{20.00+18.00}=5.26\times10^{-3}\ (\text{mol}\cdot\text{L}^{-1})$$

pH=2.28

当加入 19.98 mL NaOH 溶液（中和百分数为 99.9%）时：

$$c(\text{H}^+)=0.1000\times\frac{0.02}{20.00+19.98}=5.00\times10^{-5}\ (\text{mol}\cdot\text{L}^{-1})$$

pH=4.30

（3）计量点时当加入 20.00 mL NaOH 溶液（中和百分数为 100%），HCl 全部被中和成中性的 NaCl 水溶液。

$$c(\text{H}^+)=c(\text{OH}^-)=1.00\times10^{-7}\ (\text{mol}\cdot\text{L}^{-1})$$

pH=7.00

（4）计量点后按过量的碱进行计算。当加入 20.02 mL NaOH 溶液（中和百分数为 100%），此时溶液的体积为 40.02 mL，溶液中 $c(\text{OH}^-)$ 为

$$c(\text{OH}^-)=0.1000\times\frac{0.02}{40.02}=5.00\times10^{-5}\ (\text{mol}\cdot\text{L}^{-1})$$

pH=9.70

以 NaOH 的加入量（或中和百分数）为横坐标，以 pH 值为纵坐标作图，就可得滴定曲线（图 2-1）。

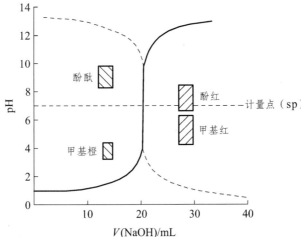

图 2-1　$0.1000\ \text{mol}\cdot\text{L}^{-1}$ NaOH 滴定 $0.1000\ \text{mol}\cdot\text{L}^{-1}$ HCl 的滴定曲线（实线部分）

（虚线——同浓度的 HCl 滴定 NaOH）

从图 2-1 中可以看出，从滴定开始到加入 19.98 mL NaOH 溶液，即 99.9%的 HCl 被反应，溶液的 pH 值变化较慢，只改变了 3.3 个 pH 单位；但从 19.98 ~ 20.02 mL，即由剩余的 0.1% HCl（0.02 mL）未被滴定到 NaOH 过量 0.1%（0.02 mL），虽然只加了 0.04 mL（约一滴 NaOH），pH 值却从 4.3 增加到 9.7，变化 5.4 个 pH 单位；再继续加入 NaOH 溶液，pH 的变化又逐渐趋缓，滴定曲线又趋于平坦。在整个滴定过程中，只有在计量点前后很小范围内，溶液的 pH 值变化最大，称为滴定突跃。通常将计量点前后±0.1%相对误差范围内溶液 pH 值变化称为滴定突跃范围。指示剂的选择主要以此为依据。

根据滴定突跃范围可以选择适合的指示剂。显然，最理想的指示剂应恰好在计量点时变色，如果根据指示剂的变色结束滴定，实际上在滴定突跃范围内变色的指示剂均可使用。

甲基红（4.4 ~ 4.6，红色到黄色）在滴定开始显红色，当溶液的 pH 值刚大于 4.4，红色中开始带黄色，变成中间颜色；pH 值逐渐增大，黄色成分逐渐增加，直到 pH 值为 6.2 时，溶液完全呈黄色；继续增大 pH 值，颜色不会再改变。可见，只要在甲基红呈现中间颜色时结束滴定，不管其中是红色成分多还是黄色成分多，溶液的 pH 值与计量点更接近，终点误差更小。

酚酞（8.0 ~ 10.0，无色至紫红色）在滴定开始时是无色的，计量点也是无色的；当 pH 值稍大于 8.0 时，开始出现淡红色；pH 值继续增大时，红色加深，直到 pH 值为 10.0 时，完全呈现紫红色。再滴入 NaOH 颜色不再改变。可见，只要在酚酞还没有深紫红色时结束滴定基本上都是符合要求的。现红色时 NaOH 已过量，所以红颜色越淡终点误差越小。

甲基橙（3.1 ~ 4.4，红色至黄色）在滴定开始为红色，刚开始改变颜色时，溶液的 pH 已大于 3.1，即使溶液呈偏黄的中间颜色，溶液的 pH 值也还可能小于 4.3，因此在甲基橙还呈现中间颜色时结束滴定是不恰当的。当甲基橙恰好完全变成黄色时，溶液的 pH 值为 4.4，才处在突跃范围以内，故只有以甲基橙恰好变黄作为滴定终点才是适合的。

以上讨论可以看出，甲基红和酚酞由于变色范围基本上都处在突跃范围以内，所以它们是非常合适的指示剂；而甲基橙的变色范围仅有很小部分在突跃范围内，虽然还可采用，但不如甲基红和酚酞。

滴定突跃范围的大小与溶液的溶度有关。溶液越大，突跃范围越大，可供选择的指示剂越多；反之，可供选择的指示剂越少。

如果用 0.1000 mol·L⁻¹ HCl 滴定 0.1000 mol·L⁻¹ NaOH，其滴定曲线与 NaOH 滴定 HCl 的滴定曲线相对称，pH 变化相反，如图 2-1 中的虚线。

2. 强碱（酸）滴定一元弱酸（碱）

以 $0.1000 \text{ mol} \cdot \text{L}^{-1}$ NaOH 滴定 20.00 mL $0.1000 \text{ mol} \cdot \text{L}^{-1}$ HAc 为例进行讨论。滴定时发生如下反应：

$$HAc + OH^- \rightleftharpoons Ac^- + H_2O$$

(1) 滴定前：由于滴定前为 $0.1000 \text{ mol} \cdot \text{L}^{-1}$ HAc 溶液，$c/K_a > 500$，所以用最简式计算：

$$c(H^+) = \sqrt{c \cdot K_a} = \sqrt{0.1000 \times 1.8 \times 10^{-5}} = 1.3 \times 10^{-3} (\text{mol} \cdot \text{L}^{-1})$$

$$pH = 2.87$$

（2）滴定开始至计量点前：溶液中未反应的 HAc 和反应产物 Ac^- 同时存在，组成一个缓冲体系，一般情况下可按下式计算：

$$pH = pK_a - \lg \frac{c_a}{c_b}$$

例如，当加入 19.98 mL NaOH 溶液（中和百分数为 99.9%）时：

$$c_a = c(HAc) = \frac{0.02}{20.00 + 19.98} \times 0.1000 = 5.00 \times 10^{-5} (\text{mol} \cdot \text{L}^{-1})$$

$$c_b = c(Ac^-) = \frac{19.98}{20.00 + 19.98} \times 0.1000 = 5.00 \times 10^{-2} (\text{mol} \cdot \text{L}^{-1})$$

$$pH = pK_a - \lg \frac{c_a}{c_b} = pK_a - \lg \frac{c(HAc)}{c(Ac^-)} = 7.74$$

（3）计量点时：当加入 20.00 mL NaOH 溶液（中和百分数为 100%）时，HAc 全部被中和生成 NaAc，由于在计量点时溶液的体积增大为原来的 2 倍，所以 Ac^- 的浓度为 $0.0500 \text{ mol} \cdot \text{L}^{-1}$，又因为 $c/K_b > 500$，所以

$$c(OH^-) = \sqrt{c \cdot K_b} = \sqrt{c \frac{K_w}{K_a}} = \sqrt{\frac{0.1000}{2} \times \frac{10^{-14}}{1.8 \times 10^{-5}}} = 5.3 \times 10^{-6} (\text{mol} \cdot \text{L}^{-1})$$

$$pOH = 5.28, \quad pH = 14.00 - 5.27 = 8.73$$

（4）计量点后：计算方法与强碱滴定强酸时相同。例如，已滴入 NaOH 溶液 20.02 mL（过量 0.02 mL NaOH）。此时溶液的 pH 值可计算如下：

$$c(OH^-) = 0.1000 \times \frac{0.02}{20.00 + 20.02} = 5.0 \times 10^{-5} (\text{mol} \cdot \text{L}^{-1})$$

$$pOH = 4.30, \quad pH = 9.70$$

以 NaOH 的加入量（或中和百分数）为横坐标，以 pH 值为纵坐标作图，就可得滴定曲线（图 2-2）。

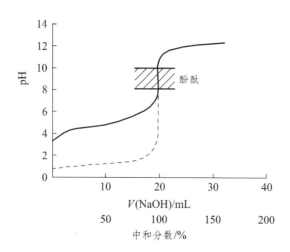

图 2-2　0.1000 mol·L^{-1} NaOH 滴定 0.1000 mol·L^{-1} HAc 溶液的滴定曲线

图 2-2 中的虚线是相同浓度的 NaOH 滴定 HCl 的滴定曲线，将两条曲线对照可以看出，NaOH 滴定 HAc 的曲线有以下特点：

① NaOH-HAc 滴定曲线起点的 pH 值较 NaOH-HCl 的高 2 个单位，这是因为 HAc 的离解度要比等浓度的 HCl 小。

② 滴定开始后至约 20% HAc 滴定时，NaOH-HAc 滴定曲线的斜率比 NaOH-HCl 的大。这是因为 HAc 被中和而生成 NaAc。由于 Ac$^-$的同离子效应，使 HAc 的解离度更加变小，因而 H$^+$浓度迅速降低，pH 值很快增大。但当继续滴定 NaOH 时，由于 NaAc 浓度相应增大，HAc 的浓度减小，缓冲作用增强，故使溶液的 pH 值增加缓慢，因此这一段曲线较为平坦。当中和百分数为 50% 时，溶液缓冲容量最大，因此该中和百分数附近 pH 值改变最慢。接近计量点时，由于溶液中 HAc 已很少，缓冲作用减弱，所以继续滴入 NaOH 溶液，pH 值变化速度有逐渐加快。直到计量点时，由于 HAc 浓度急剧减小，溶液的 pH 值发生突变。但是应该注意，由于溶液中产生了大量的 Ac$^-$，Ac$^-$是一种碱，在水溶液中解离后产生了相当数量的 OH$^-$，而使计量点的 pH 值不是 7 而是 8.72，计量点在碱性范围内。计量点以后，溶液 pH 值变化规律与强碱滴定强酸时相同。

NaOH-HAc 滴定曲线的突跃范围（pH=7.74 ~ 9.70）较 NaOH-HCl 的小得多，且在碱性范围内，因此在酸性范围内变色的指示剂，如甲基橙、甲基红等都不能使用，而酚酞，百里酚酞等均是合适的指示剂。图 2-3 是用 0.1000 mol·L^{-1} NaOH 溶液滴定 0.1000 mol·L^{-1} 不同强度弱酸的滴定曲线。从中可以看出，当酸的浓度一定时，K_a 值越大，即酸越强时，滴定突跃范围亦越大。当 $K_a \leqslant 10^{-9}$ 时，已无明显的突跃了，在此情况下，已无法利用一般的酸碱指示剂确定其滴定终点。另一方面，当 K_a 和浓度 c 两个因素同时变化，滴定突跃的大小将由 K_a 与 c 的乘积所决定。$K_a \cdot c$ 越大，突跃范围越大，$K_a \cdot c$ 越小，突跃范围越小。当 $K_a \cdot c$ 很小时，计量点前后溶液 pH 值变化非常小，无法用指示剂准确确定终点，通常以 $K_a \cdot c \geqslant 10^{-8}$ 作为判断弱酸能否准确进行滴定的界线。

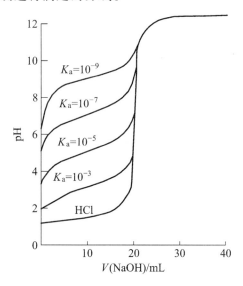

图 2-3 用 0.1000 mol·L⁻¹ NaOH 溶液滴定 0.1000 mol·L⁻¹ 不同强度一元弱酸的滴定曲线

强酸滴定弱碱的情况与强碱滴定弱酸的情况相似，且当 $K_b \cdot c \geqslant 10^{-8}$，才能被准确滴定。

（二）多元酸（碱）的滴定

1. 多元酸的滴定

多元酸的滴定，主要是指多元弱酸的滴定，重点是多元弱酸能否被准确地分步滴定。若多元弱酸的浓度 c 与每一步的酸常数 K_a 的乘积 $c \cdot K_a \geqslant 10^{-8}$，且相邻两个酸常数 K_{a_n}、$K_{a_{n+1}}$ 满足 $K_{a_n} / K_{a_{n+1}} \geqslant 10^4$，则可以准确地分步滴定。

例如，用 0.1000 mol·L⁻¹ 的 NaOH 标准溶液滴定 0.1000 mol·L⁻¹ $H_2C_2O_4$ 溶液，虽然 $c \cdot K_{a_1} = 5.90 \times 10^{-3} > 10^{-8}$，$c \cdot K_{a_2} = 6.40 \times 10^{-6} > 10^{-8}$，但由于 $K_{a_1} / K_{a_2} < 10^4$，故第一计量点无明显突跃，不能准确地进行分步滴定。然而第二计量点有明显突跃，因此只能一次被滴定至第二终点。

对于三元、四元弱酸，分步滴定的判定与二元弱酸的处理相似。

如用 0.1 mol·L⁻¹ NaOH 标准溶液滴定 0.1 mol·L⁻¹ H_3PO_4 溶液时，由 NaOH 滴定 H_3PO_4 的滴定曲线（图 2-4）可以看出，在第一计量点、第二计量点附近各有一个 pH 突跃。

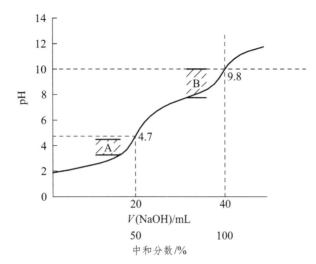

图 2-4 NaOH 滴定 H_3PO_4 的滴定曲线

第一化学计量点时，H_3PO_4 被滴定至 $H_2PO_4^{2-}$，溶液组成为 NaH_2PO_4，这是两性物质，溶液浓度为 $c(NaH_2PO_4) = \dfrac{0.10}{2} = 0.05 \ mol \cdot L^{-1}$，

其水溶液 pH 值可按下式计算：

$$c(H^+) = \sqrt{K_{a_1} \cdot K_{a_2}} = \sqrt{7.6 \times 10^{-3} \times 6.3 \times 10^{-8}} = 2.2 \times 10^{-5} \ (mol \cdot L^{-1})$$

$$pH = 4.66$$

可选甲基橙为指示剂。滴定达到终点时，溶液由红色正好变为黄色。

第二化学计量点时，溶液组成为 Na_2HPO_4，也是两性物质，溶液浓度为 $c(Na_2HPO_4) = 0.033 \ mol \cdot L^{-1}$

$$c(H^+) = \sqrt{K_{a_2} \cdot K_{a_3}} = \sqrt{6.3 \times 10^{-8} \times 4.4 \times 10^{-13}} = 1.7 \times 10^{-10} \ (mol \cdot L^{-1})$$

$$pH = 9.8$$

故可以选择酚酞作为指示剂，终点时由无色变为红色。

2. 多元碱的滴定

用强酸滴定多元弱碱时，H^+ 与碱的作用也是分步进行的，能否分步滴定的判断原则与多元弱酸的滴定完全相似。现以 $0.1000 \ mol \cdot L^{-1}$ HCl 滴定 $0.1000 \ mol \cdot L^{-1}$ Na_2CO_3 为例说明多元弱碱的滴定。

Na_2CO_3 溶于水离解出 CO_3^{2-}，根据酸碱质子理论，CO_3^{2-} 是二元弱碱。

$$CO_3^{2-} + H_2O \Longrightarrow HCO_3^- + OH^-$$

$$K_{b_1} = \frac{K_w}{K_{a_2}(H_2CO_3)} = 1.8 \times 10^{-4}$$

· 40 ·

$$HCO_3^- + H_2O \rightleftharpoons H_2CO_3 + OH^-$$

$$K_{b_2} = \frac{K_w}{K_{a_1}(H_2CO_3)} = 2.4 \times 10^{-8}$$

$$K_{b_1} / K_{b_2} \approx 10^4$$

对于高浓度的 Na_2CO_3 溶液，近似地认为 Na_2CO_3 两级离解可分步滴定，形成两个滴定突跃。滴定曲线如图 2-5 所示。

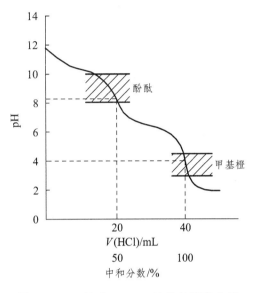

图 2-5　HCl 滴定 Na_2CO_3 溶液的滴定曲线

第一计量点时：溶液组成为 $NaHCO_3$，是两性物质，溶液 pH 值按下式计算：

$$pH = \frac{1}{2}(pK_{a_1} + pK_{a_2}) = 8.31$$

第二计量点时，产物为饱和的 CO_2 水溶液，浓度约为 $0.04\ mol \cdot L^{-1}$，溶液 pH 值按下式计算：

$$c(H^+) = \sqrt{c \cdot K_{a_1}} = \sqrt{0.04 \times 4.2 \times 10^{-7}} = 1.3 \times 10^{-4}\ (mol \cdot L^{-1})$$

pH=3.89

根据计量点时溶液的 pH 值，可分别选用酚酞，甲基橙作指示剂，由于 K_{b_2} 不够大，第二计量点时突跃范围也不够大，滴定结果不够理想。又因 CO_2 易形成过饱和溶液，酸度增大，使终点过早出现，所以在滴定接近终点时，应剧烈地摇动。

任务二 水中碱度的测定

❖ 任务描述 ❖

碱度是指水中所有能与强酸发生中和作用的物质的总量。主要来自水样中存在的碳酸盐、碳酸氢盐和氢氧化物。碱度可以用盐酸标准溶液进行滴定，其反应为：

$$OH^- + H^+ \longrightarrow H_2O$$
$$CO_3^{2-} + H^+ \longrightarrow HCO_3^- + H_2O$$
$$HCO_3^- + H^+ \longrightarrow CO_2\uparrow + H_2O$$

当滴定至酚酞指示剂由红色变成无色时，溶液 pH 值即为 8.3，指示水中氢氧根离子已被中和，碳酸盐均被转化为碳酸氢盐，此时的滴定结果称为"酚酞碱度"。当滴定至甲基橙指示剂由黄色变为橙红色时，溶液的 pH 值为 4.4～4.5，表明水中的碳酸氢盐（包括水中原有的和由碳酸盐转化的碳酸氢盐）已被中和，此时的滴定结果称为"总碱度"。通过计算可求出碳酸根、碳酸氢根和氢氧根的含量。

❖ 实施方法及步骤 ❖

1. 试 剂

（1）0.0250 mol·L⁻¹ 碳酸钠标准溶液：称取 1.3249 g（于 250 ℃ 烘干 4 h）的无水碳酸钠于洁净烧杯中，加入少量无二氧化碳水溶解，待冷却至室温后，转入 500 mL 容量瓶中，洗涤烧杯 3～4 次，洗涤液转入容量瓶内，然后用水稀释至刻度，摇匀。储于聚乙烯瓶中，保存时间不得超过一周。

（2）0.0250 HCl 标准溶液：移取 2.1 mL 浓盐酸（ρ=1.198 g·mL⁻¹），用蒸馏水稀释至 1000 mL。按下述方法标定：

准确移取 25.00 mL 新配制碳酸钠标准溶液于 250 mL 锥形瓶中，加无二氧化碳水稀释至 100 mL，加 3 滴甲基橙指示剂，用待标定盐酸标准溶液滴定至橙黄色刚转变为橙红色，记录盐酸标准溶液的用量，平行滴定三份。则盐酸标准溶液的浓度按下式进行计算：

$$c = \frac{2 \times 0.0250 \times 25.00}{V}$$

式中　25.00——碳酸钠标准溶液体积，mL；

　　　0.0250——碳酸钠标准溶液浓度，mol·L⁻¹；

　　　V——盐酸标准溶液的用量，mL。

（3）酚酞指示剂：称取 1 g 酚酞，溶于 100 mL 95%的乙醇中，用 0.1 mol·L^{-1} 氢氧化钠溶液滴定至淡红色为止。

（4）甲基橙指示剂：称取 0.1 g 甲基橙，溶于 100 mL 蒸馏水中。

（5）无二氧化碳水：将 pH 值不低于 6.0 的蒸馏水煮沸 15 min，加盖冷却至室温。

2. 仪　器

（1）酸式滴定管。

（2）250 mL 锥形瓶。

（3）移液管。

3. 操作步骤

（1）用移液管吸取三份水样和一份无 CO_2 蒸馏水各 100 mL，分别放入 250 mL 锥形瓶中，加入 4 滴酚酞指示剂，摇匀。

（2）若溶液呈红色，用 0.1000 mol·L^{-1} HCl 溶液滴定至刚好无色（可与无 CO_2 蒸馏水的锥形瓶作颜色比较）。记录滴加的用量（P）。若加入酚酞指示剂后溶液无色，则不需要用 HCl 溶液滴定。接着接以下步骤操作。

（3）再于每瓶中加 3 滴甲基橙指示剂，摇匀。

（4）分两种情况：其一若水样变成橘黄色，则继续用 HCl 标准液滴定至刚刚变成橙红色为止（可与无 CO_2 蒸馏水的锥形瓶颜色作比较），记录用量（M）。其二如果加入甲基橙溶液后溶液变为橙红色，则不需要用 HCl 溶液滴定。

4. 结果记录及计算

$$总碱度（CaO 计，mg·L^{-1}）=\frac{c(P+M)\times 28.04}{V}\times 1000$$

$$总碱度（CaCO_3 计，mg·L^{-1}）=\frac{c(P+M)\times 50.05}{V}\times 1000$$

式中　V——水样的体积，mL；

c——HCl 标准滴定溶液的浓度，mol·L^{-1}；

P——滴定酚酞碱度时，消耗 HCl 标准滴定溶液的体积，mL；

M——滴定甲基橙碱度时，消耗 HCl 标准滴定溶液的体积，mL；

28.04——氧化钙的摩尔质量（1/2CaO），g·mol^{-1}；

50.05——碳酸钙的摩尔质量（1/2CaCO$_3$），g·mol^{-1}。

（1）HCl 标准溶液浓度标定

表 2-4　标定 HCl 标准溶液浓度

锥形瓶编号			
滴定管终读数/mL			
滴定管始读数/mL			
消耗 HCl 的体积/mL			
HCl 的浓度/mol·L^{-1}			
HCl 浓度平均值/mol·L^{-1}			

（2）水样碱度测定

表 2-5　水样碱度测定数据记录表

锥形瓶编号		1	2	3
酚酞指示剂	滴定管终读数/mL			
	滴定管始读数/mL			
	P/mL			
	平均值/mL			
甲基橙指示剂	滴定管终读数/mL			
	滴定管始读数/mL			
	M/mL			
	平均值/mL			
水样总碱度/mg·L^{-1}				

表 2-6　消耗盐酸体积与碱度种类的关系

$P>0$，$M=0$	只有 OH^- 碱度
$M>0$，$P>M$	有 OH^- 和 CO_3^{2-} 碱度
$P=M$	只有 CO_3^{2-} 碱度
$P>0$，$M>P$	有 CO_3^{2-} 和 HCO_3^- 碱度
$P=0$，$M>0$	只有 HCO_3^- 碱度

项目三　沉淀滴定法

❖ 学习要求 ❖

（1）掌握溶度积常数的定义及溶度积规则；
（2）了解影响沉淀溶解度的因素
（3）了解分步沉淀和沉淀的转化
（4）掌握莫尔法、佛尔哈德法和法扬司法的原理和操作。

❖ 基础知识 ❖

一、沉淀溶解平衡

沉淀滴定法是以沉淀反应为基础的一种滴定分析方法。虽然形成沉淀的反应很多，但能够用作沉淀滴定的反应并不多，因为很多沉淀的组成不固定；有的共沉淀等副反应比较严重；有些沉淀的溶解度比较大，在化学计量点时反应不够完全；也有的沉淀反应速度较慢等。用于沉淀滴定法的反应必须满足以下要求：

（1）生成沉淀的溶解度必须很小。
（2）反应按一定的计量关系迅速地进行。
（3）能够用适当的指示剂或其他方法确定滴定终点。

（一）溶度积常数

在一定温度下，将难溶电解质 $AgCl$ 放入水中，在 $AgCl$ 的表面，一部分 Ag^+ 和 Cl^- 脱离 $AgCl$ 表面，成为水合离子进入溶液（这一过程称为沉淀的溶解）。进入溶液中的水合 Ag^+ 和 Cl^- 在不停地运动，当其碰撞到 $AgCl$ 表面后，一部分又重新形成难溶性固体 $AgCl$（这一过程称为沉淀的生成，简称沉淀）。经过一段时间的溶解和沉淀，溶解的速率和沉淀的速率相等时，即达到沉淀-溶解平衡，此时溶液为 $AgCl$ 的饱和溶液。

对任一难溶强电解质（用 A_mB_n 表示），在一定温度下，在水溶液中达到沉淀-溶解平衡时，其平衡方程式为：

$$A_mB_n \underset{沉淀}{\overset{溶解}{\rightleftharpoons}} mA^{n+} + nB^{m-}$$

平衡时，$c(A^{n+})$、$c(B^{m-})$ 不再变化，$c^m(A^{n+})$ 与 $c^n(B^{m-})$ 的乘积为一常数，用 K_{sp} 表示，即

$$K_{sp} = c^m(A^{n+}) \cdot c^n(B^{m-}) \tag{3-1}$$

K_{sp} 称为溶度积常数，简称溶度积，它表示在一定温度下，难溶电解质的饱和溶液中，各离子浓度以其化学计量数为指数的幂的乘积为一常数。

（二）溶度积规则

对任一难溶电解质，其水溶液都存在下列离解平衡：

$$A_mB_n(s) \underset{沉淀}{\overset{溶解}{\rightleftharpoons}} mA^{n+} + nB^{m-}$$

任一状态时，离子浓度以其计量数为指数的幂乘积用 Q_i 表示，则

$$Q_i = c^m(A^{n+}) \cdot c^n(B^{m-})$$

Q_i 称为该难溶电解质的离子积。

（1）当 $Q_i = K_{sp}$ 时，溶液处于沉淀溶解平衡状态，此时为饱和溶液，既无沉淀生成，又无固体溶解。

（2）当 $Q_i > K_{sp}$ 时，溶液为过饱和溶液，可以析出沉淀，并直至溶液中 $Q_i = K_{sp}$，即溶液达到沉淀溶解平衡状态为止。

（3）当 $Q_i < K_{sp}$ 时，溶液为不饱和溶液，若溶液中有难溶电解质固体存在，固体将溶解形成离子进入溶液。若难溶电解质固体的存在量大于其溶解度，则溶液最终达到沉淀溶解平衡，形成饱和溶液。

以上三条称为溶度积规则，我们不仅可以利用溶度积规则来判断溶液中是否有沉淀析出，而且也可以利用溶度积规则，通过控制溶液中某离子的浓度，使沉淀溶解或产生沉淀。

（三）影响沉淀溶解度的因素

1. 同离子效应

组成沉淀晶体的离子称为构晶离子。当沉淀反应达到平衡时，如果向溶液中

加入适当过量的某一种构晶离子的溶液，使沉淀的溶解度减小的现象称为同离子效应。例如，25 ℃ 时 $CaCO_3$ 在水中的溶解度为

$$S = \sqrt{K_{sp}} = \sqrt{4.96 \times 10^{-9}} = 6.4 \times 10^{-5} \text{ mol} \cdot \text{L}^{-1}$$

如果在溶液中加入 Na_2CO_3 使溶液中 CO_3^{2-} 浓度增至 $0.10 \text{ mol} \cdot \text{L}^{-1}$ 则 $CaCO_3$ 的溶解度为

$$S = c(Ca^{2+}) = \frac{K_{sp}}{c(CO_3^{2-})} = \frac{4.96 \times 10^{-9}}{0.10} = 4.96 \times 10^{-8} \text{ mol} \cdot \text{L}^{-1}$$

即 $CaCO_3$ 的溶解度减少到万分之七。

2. 盐效应

在微溶盐的饱和溶液中，加入其他易溶强电解质，而使沉淀的溶解度增大的现象称为盐效应。例如，$AgCl$ 在纯水中的溶解度为 $1.3 \times 10^{-5} \text{ mol} \cdot \text{L}^{-1}$，在 $0.01 \text{ mol} \cdot \text{L}^{-1} NaNO_3$ 溶液中溶解度为 $1.4 \times 10^{-5} \text{ mol} \cdot \text{L}^{-1}$，其溶解度增加 8%。可见盐效应增大沉淀的溶解度。构晶离子的电荷愈高，影响也愈严重。这是因为高价离子的活度系数受离子强度的影响较大的缘故。由于盐效应的存在，利用同离子效应降低沉淀溶解度，应考虑到盐效应的影响，即沉淀过量太多，会使沉淀的溶解度增大。

3. 酸效应

溶液的酸度对沉淀的影响称为酸效应。酸效应产生的原因是由于溶液中的 H^+ 或 OH^- 与组成沉淀的构晶离子发生反应，使构晶离子的浓度降低，沉淀的溶解度增大。

以 CaC_2O_4 为例，在溶液中有下列平衡：

$$CaC_2O_4 \rightleftharpoons Ca^{2+} + C_2O_4^{2-}$$
$$+H^+ \downarrow$$
$$HC_2O_4^-$$
$$+H^+ \downarrow$$
$$H_2C_2O_4$$

当溶液中 H^+ 浓度增大时，平衡向右移动，使 CaC_2O_4 的溶解度增大。

4. 配位效应

当溶液中存在能与沉淀的构晶离子形成配合物的配位剂时，使沉淀溶解度增大，甚至不产生沉淀，这种现象称为配位效应。例如，在 $AgCl$ 的沉淀溶液中，加

入氨水，由于 NH_3 与 Ag^+ 形成 $[Ag(NH_3)_2]^+$，使 AgCl 的溶解度增大，甚至全部溶解。

5. 影响沉淀溶解度的其他因素

（1）温度的影响：沉淀溶解反应一般是吸热反应。温度升高，沉淀的溶解度一般随温度的升高而增大。

（2）沉淀颗粒大小：同一种沉淀，颗粒越小，溶解度越大。这是因为小颗粒沉淀的总表面积大，与溶液接触的机会就越多，沉淀溶解的量也就越多。

二、分步沉淀和沉淀转化

（一）分步沉淀

如果在某一溶液中含有几种离子，能与同一沉淀剂反应生成不同的沉淀，那么，当向溶液中加入该沉淀剂时，根据溶度积规则，生成沉淀时需要沉淀剂浓度小的离子先生成沉淀；需要沉淀剂浓度大的离子，则后生成沉淀。这种溶液中几种离子按先后顺序沉淀的现象称为分步沉淀。

对于同类型难溶电解质，当被沉淀离子的浓度相同或相近时，生成的难溶物其 K_{sp} 小的离子先沉淀出来，K_{sp} 大的离子则后沉淀下来。

在水分析化学中，分步沉淀被广泛地应用于测定或分离混合离子。

（二）沉淀的转化

在硝酸银溶液中加入铬酸钾溶液后，产生砖红色铬酸银沉淀，再加入氯化钠溶液后，砖红色铬酸银沉淀转化为白色氯化银沉淀。这种由一种难溶化合物借助于某试剂转化为另一种难溶化合物的过程叫作沉淀的转化。一种难溶化合物可以转化为更难溶化合物，反之则难以实现。

上述反应过程为：

$$2Ag^+ + CrO_4^{2-} \rightleftharpoons Ag_2CrO_4(s)$$

$$Ag_2CrO_4(s) + 2Cl^- \rightleftharpoons 2AgCl(s) + CrO_4^{2-}$$

已知 $K_{sp}(Ag_2CrO_4)=1.1\times10^{-12}$，$K_{sp}(AgCl)=1.8\times10^{-10}$
则第二个反应式的平衡常数为：

$$K_j = \frac{c(CrO_4^{2-})}{c^2(Cl^-)} = \frac{c(CrO_4^{2-})\cdot c^2(Ag^+)}{c^2(Cl^-)\cdot c^2(Ag^+)} = \frac{K_{sp}(Ag_2CrO_4)}{\left[K_{sp}(AgCl)\right]^2} = \frac{1.1\times10^{-12}}{(1.8\times10^{-10})^2} = 3.4\times10^7$$

K_j 值很大，说明正向反应进行的程度很大，即砖红色铬酸银沉淀转化为白色氯化银沉淀很容易发生。

三、沉淀滴定法基本原理

（一）莫尔法

莫尔法是以 $AgNO_3$ 为标准溶液、K_2CrO_4 为指示剂的银量法。

1. 滴定原理

用 $AgNO_3$ 标准溶液直接滴定 Cl^-，以 K_2CrO_4 为指示剂，由于 $AgCl$ 的溶解度小于 Ag_2CrO_4，故根据分步沉淀的原理，首先发生滴定反应析出白色的 $AgCl$ 沉淀。其滴定反应为

$$Ag^+ + Cl^- \Longrightarrow AgCl\downarrow（白色）\quad K_{sp}=1.8\times10^{-10}$$

Cl^- 被定量沉淀后，稍过量的 Ag^+ 就会与 CrO_4^{2-} 反应，产生砖红色沉淀 Ag_2CrO_4 而指示滴定终点。其指示终点反应为

$$Ag^+ + CrO_4^{2-} \Longrightarrow Ag_2CrO_4\downarrow（砖红色）\quad K_{sp}=1.10\times10^{-12}$$

2. 滴定条件

（1）指示剂的用量

若指示剂浓度太大，Ag_2CrO_4 沉淀析出偏早，将会引起终点提前，且 K_2CrO_4 本身的黄色也会影响对终点的观察；若指示剂浓度太小，则 Ag_2CrO_4 沉淀析出偏迟，又会使终点滞后。因此指示剂的加入量要适当，恰好在计量点时析出 Ag_2CrO_4 沉淀。实际滴定时，一般采用 K_2CrO_4 的浓度为 $5.0\times10^{-3}\ mol\cdot L^{-1}$，不会影响终点观察。

（2）溶液的酸度

滴定应在中性或微碱性介质中进行。因为溶液的指示剂 K_2CrO_4 是二元弱酸盐，则存在着如下平衡：

$$CrO_4^{2-} + H^+ \Longrightarrow HCrO_4^-$$

$$2HCrO_4^- \Longrightarrow Cr_2O_7^{2-} + H_2O$$

若酸度过高，CrO_4^{2-} 会转化为 $HCrO_4^-$ 和 $Cr_2O_7^{2-}$，使其浓度降低，导致 Ag_2CrO_4 沉淀出现过迟甚至不沉淀，无法正确指示滴定终点。因此，实验中 pH 值不能低于 6.5。

若溶液的碱性太强，银离子与氢氧根离子会结合生成 Ag(OH)沉淀，所以实验中溶液 pH 值不能不能高于 10.5。

若试液中有铵盐存在，溶液的 pH 值应控制在 6.5～7.2。若溶液 pH 值过高，NH_4^+将变成 NH_3，与银离子生成$[Ag(NH_3)]^+$或$[Ag(NH_3)_2]^+$，消耗部分 $AgNO_3$，影响滴定。

（3）减少 AgCl 沉淀的吸附作用：AgCl 沉淀对 Cl^-有强烈的吸附作用，滴定时应剧烈振摇，使被 AgCl 沉淀吸附的 Cl^-及时释放出来，防止终点提前。

（4）消除干扰离子：凡与 Ag^+能生成沉淀或配合物的阴离子都会干扰测定，如 PO_4^{3-}、S^{2-}、CO_3^{2-}、$C_2O_4^{2-}$等；与 CrO_4^{2-}能生成沉淀的阳离子，如 Ba^{2+}、Pb^{2+}等；以及在中性或弱碱性溶液中易发生水解反应的离子，如 Fe^{3+}、Al^{3+}、Bi^{3+}和 Sn（Ⅳ）等均干扰测定，应预先分离或掩蔽。

3. 应用范围

莫尔法主要用于水中 Cl^-、Br^-的测定，不适用于滴定 I^-和 SCN^-。这是因为 AgI 和 AgSCN 沉淀更强烈地吸附 I^-和 SCN^-，即使剧烈振摇也无法使之释放出来。

莫尔法不能直接用 Cl^-标准溶液滴定 Ag^+。因为水中 Ag^+在加入 K_2CrO_4后，立即生成 Ag_2CrO_4沉淀，用 NaCl 标准溶液滴定时，Ag_2CrO_4转化成 AgCl 的速率极慢，不能敏锐地指示滴定终点，使滴定无法进行。同理，银离子的测定要用返滴定法。

（二）佛尔哈德（Volhard）法

佛尔哈德法是以 KSCN 或 NH_4SCN 为标准溶液、铁铵矾 $NH_4Fe(SO_4)_2$为指示剂的银量法。可分为直接滴定法和返滴定法。

1. 滴定原理

（1）直接滴定法

在酸性条件下，以 $NH_4Fe(SO_4)_2$为指示剂，用 KSCN 或 NH_4SCN 标准溶液直接滴定溶液中的 Ag^+。在化学计量点以前，SCN^-与被滴定的 Ag^+生成白色的 AgSCN 沉淀，滴定反应为

$$Ag^+ + SCN^- \Longrightarrow AgSCN\downarrow \quad K_{sp}=1.0\times10^{-12}$$

在化学计量点附近，由于 Ag^+浓度迅速降低，SCN^-浓度迅速增大，可与溶液中加入的 Fe^{3+}发生配位反应生成血红色的配合物$[FeSCN]^{2+}$，指示滴定终点。应为

$$Fe^{3+} + SCN^- \Longrightarrow [FeSCN]^{2+}（血红色）\quad K=1.38\times10^2$$

（2）返滴定法

对于不适宜用 NH_4SCN 标准溶液直接滴定的离子（如 Cl^-、Br^-、I^- 等），可以使用返滴定法。在被滴定的含有 Cl^-、Br^-、I^- 的水样中先加入一定量过量的已知准确浓度的 $AgNO_3$ 标准溶液，使测定离子生成卤化银沉淀，然后加入 $NH_4Fe(SO_4)_2$ 指示剂，用 NH_4SCN 标准溶液滴定过量的 $AgNO_3$。滴定反应为：

$$Ag^+ + Cl^- =\!=\!= AgCl\downarrow$$
$$Ag^+ + SCN^- =\!=\!= AgSCN\downarrow$$
$$Fe^{3+} + SCN^- =\!=\!= [FeSCN]^{2+}（血红色）$$

在化学计量点时，稍过量的 SCN^- 与溶液中加入的 Fe^{3+} 生成血红色的配合物 $[Fe(SCN)_2]^+$，指示滴定终点。

2. 滴定条件

（1）指示剂的用量

指示剂的浓度一般控制在 $0.015\ mol\cdot L^{-1}$。Fe^{3+} 浓度过大时，滴定终点提前，溶液呈较深的橙黄色，影响终点观察；Fe^{3+} 浓度过小时，滴定终点滞后。

（2）溶液的 pH 值

佛尔哈德法应在强酸性溶液中进行滴定。溶液的 pH 值一般控制在 0～1 之间。原因是指示剂 $NH_4Fe(SO_4)_2$ 在水溶液中离解出 Fe^{3+}，在 pH 值较高时，Fe^{3+} 可水解生成氢氧化铁沉淀，影响终点的判断。

（3）滴定时应剧烈振摇：在滴定过程中形成的 AgSCN 沉淀具有强烈的吸附作用，所以有部分 Ag^+ 被吸附于其表面上，往往会产生终点提前的情况。滴定时，必须充分振摇，使被吸附的 Ag^+ 及时地释放出来。

（4）保护 AgCl 沉淀

采用佛尔哈德法返滴定测定 Cl^- 时，溶液中 AgCl 的溶解度比 AgSCN 大，所以在滴定终点附近，稍过量的 SCN^- 便会置换 AgCl 沉淀中的 Cl^-，使 AgCl 沉淀转变为溶解度更小的 AgSCN 沉淀，使 SCN^- 浓度降低，生成的 $[FeSCN]^{2+}$ 离解，红色不能及时出现或出现后又随振摇消失，使终点难以判断，而产生很大的误差。为避免上述沉淀转化引起的误差，可采取如下方法解决：

① 将已生成的 AgCl 沉淀滤去，再用 NH_4SCN 标准溶液滴定滤液。

② 在用 NH_4SCN 标准溶液滴定前，向待测 Cl^- 的样品中加入一定量的有机溶剂，如硝基苯、二甲酯类等，强烈振摇后，有机溶剂将 AgCl 沉淀包住，使它与溶液隔开，阻止了 SCN^- 与 AgCl 发生沉淀转化反应。

用返滴定法测定 Br^- 或 I^- 时，由于 AgBr 和 AgI 的溶解度比 AgSCN 小，不存在沉淀的转化。但滴定碘化物时，指示剂必须在加入过量 $AgNO_3$ 溶液之后才能加入，以防止 I^- 被 Fe^{3+} 氧化成 I_2。

佛尔哈德法的最大优点是可以在酸性溶液中进行滴定，有很高的选择性。但也有缺点，如水样中的强氧化剂、氮的低价氧化物及铜盐、汞盐等均能与 SCN⁻ 作用，干扰测定，必须预先除去。

3. 应用范围

佛尔哈德法的最大优点是在酸性溶液中进行测定，许多能够和银离子生成沉淀的干扰离子不影响分析结果。采用直接滴定法可测定 Ag^+，采用返滴定法可测定 Cl^-、Br^-、I^-、SCN^- 等。

（三）法扬司（Fajans）法

1. 滴定原理

法扬司法是以 $AgNO_3$ 为标准溶液，用吸附指示剂指示终点的银量法。

吸附指示剂是一类有机化合物，它们在沉淀表面吸附后，由于分子结构变化或形成某种化合物，导致颜色发生变化，从而指示终点。

吸附指示剂可分为两类：一类是酸性染料，如荧光黄及其衍生物，它们是有机弱酸，离解出指示剂阴离子；另一类是碱性染料，如甲基紫等，离解出指示剂阳离子。例如，用 $AgNO_3$ 标准溶液滴定 Cl^- 时，可采用荧光黄作为指示剂。荧光黄（HFIn）是一种有机弱酸，在水溶液中发生离解，离解后形成的荧光黄阴离子 FIn^- 在水溶液中呈黄绿色。

$$HFIn \rightleftharpoons H^+ + FIn^-$$

在化学计量点之前，溶液中有未被滴定的 Cl^-，则 AgCl 沉淀表面由于吸附 Cl^- 而带负电荷，不能吸附指示剂阴离子 FIn^-，溶液呈黄绿色；在计量终点时，$AgNO_3$ 过量，AgCl 沉淀由于吸附 Ag^+ 而带正电荷，极易吸附指示剂阴离子 FIn^-。荧光黄阴离子被吸附后，由于在 AgCl 表面上形成了荧光黄银的化合物，而呈淡红色，从而指示滴定终点。

2. 滴定条件

（1）卤化银沉淀应具有较大的比表面积。吸附指示剂被沉淀表面吸附后才能发生颜色变化。沉淀的比表面积越大，吸附能力越强，终点现象就越敏锐。因此，在滴定时，通常需要加入胶体保护剂，如淀粉或糊精等，以防止胶体凝聚。

（2）胶体颗粒对指示剂的吸附能力应略小于对被测离子的吸附能力，否则指示剂将在化学计量点前变色，但也不能太小，否则终点出现过迟。卤化银对卤化物和几种常见吸附指示剂的吸附能力的次序如下：

I⁻＞二甲基二碘荧光黄＞Br⁻＞曙红＞Cl⁻＞荧光黄

（3）溶液酸度要适当。溶液的酸度大小应随所采用指示剂的不同而异。

（4）应避免在强日光下进行滴定。因卤化银对光敏感，感光后易分解析出金属银而使溶液变成灰色或黑色，影响观察滴定终点。

3. 应用范围

可测定 Cl⁻、Br⁻、I⁻、SCN⁻等离子。

任务三 水中氯离子的测定

❖ **任务描述** ❖

在中性至弱碱性范围内（pH 6.5～10.5），以铬酸钾为指示剂，用硝酸银滴定氯化物时，由于氯化银的溶解度小于铬酸银的溶解度，氯离子首先被完全沉淀出来，然后铬酸盐以铬酸银的形式被沉淀，产生砖红色，指示滴定终点到达。该沉淀滴定的反应如下：

$$Ag^+ + Cl^- \Longrightarrow AgCl\downarrow$$

$$2Ag^+ + CrO_4^{2-} \Longrightarrow Ag_2CrO_4\downarrow（砖红色）$$

❖ **实施方法及步骤** ❖

1. 试 剂

分析中仅使用分析纯试剂及蒸馏水或去离子水。

（1）高锰酸钾，$c(1/5\ KMnO_4)=0.01\ mol \cdot L^{-1}$。

（2）过氧化氢（H_2O_2），30%。

（3）乙醇（C_2H_5OH），95%。

（4）硫酸溶液，$c(1/2H_2SO_4)=0.05\ mol \cdot L^{-1}$。

（5）氢氧化钠溶液，$c(NaOH)=0.05\ mol \cdot L^{-1}$。

（6）氢氧化铝悬浮液：溶解 125 g 硫酸铝钾[$KAl(SO_4)_2 \cdot 12H_2O$]于 1 L 蒸馏水中，加热至 60 ℃，然后边搅拌边缓缓加入 55 mL 浓氨水放置约 1 h 后，移至大瓶中，用倾泻法反复洗涤沉淀物，直到洗出液不含氯离子为止。用水稀释至约 300 mL。

（7）氯化钠标准溶液，$c(NaCl)=0.0141 \ mol \cdot L^{-1}$，相当于 500 $mg \cdot L^{-1}$ 氯化物含量：将氯化钠（NaCl）置于瓷坩埚内，在 500 ~ 600 °C 下灼烧 40 ~ 50 min。在干燥器中冷却后准确称取 0.8240 g 于烧杯中，加少量蒸馏水溶解，待恢复至室温后，转入 1000 mL 容量瓶内；然后洗涤烧杯 3 ~ 4 次，且洗涤液转入容量瓶，定容，摇匀。用润洗过的移液管吸取 10.00 mL 所配制的溶液于 100 mL 容量瓶中，定容，摇匀。

（8）硝酸银标准溶液，$c(AgNO_3)=0.0141 \ mol \cdot L^{-1}$：称取 2.3950 g 于 105 °C 烘半个小时后冷却的硝酸银（$AgNO_3$）于小烧杯中，加少量蒸馏水溶解，待恢复至室温后转移至 1000 mL 容量瓶内，洗涤小烧杯 3 ~ 4 次，并将洗涤液转入容量瓶内，定容，摇匀。然后，贮于棕色瓶中。

用氯化钠标准溶液标定其浓度：

用吸管准确吸取 25.00 mL 氯化钠标准溶液于 250 mL 锥形瓶中，加蒸馏水 25 mL。另取一锥形瓶，量取蒸馏水 50 mL 作空白。各加入 1 mL 铬酸钾溶液，在不断的摇动下用硝酸银标准溶液滴定至砖红色沉淀刚刚出现为终点。记录消耗的 $AgNO_3$ 溶液的体积，平行测定 3 次。按下式计算 $AgNO_3$ 溶液的浓度。

$$c(AgNO_3) = \frac{c(NaCl) \cdot V(NaCl)}{V(AgNO_3) - V_0}$$

式中　$c(NaCl)$——氯化钠（NaCl）溶液的浓度，$mol \cdot L^{-1}$；

　　　$V(NaCl)$——氯化钠（NaCl）溶液的体积，mL；

　　　$V(AgNO_3)$——消耗的 $AgNO_3$ 溶液的体积，mL；

　　　V_0——蒸馏水消耗硝酸银溶液的体积，mL。

（9）铬酸钾溶液，50 $g \cdot L^{-1}$：称取 5 g 铬酸钾（K_2CrO_4）溶于少量蒸馏水中，滴加硝酸银溶液至有红色沉淀生成。摇匀，静置 12 h，然后过滤并用蒸馏水将滤液稀释至 100 mL。

（10）酚酞指示剂溶液：称取 0.5 g 酚酞溶于 50 mL 95%乙醇中。加入 50 mL 蒸馏水，再滴加 0.05 $mol \cdot L^{-1}$ 氢氧化钠溶液使呈微红色。

2. 仪　器

（1）锥形瓶，250 mL。
（2）滴定管，25 mL，棕色。
（3）吸管，50 mL，25 mL。
（4）移液管，10 mL。

3. 样　品

采集代表性水样，放在干净且化学性质稳定的玻璃瓶或聚乙烯瓶内。保存时不必加入特别的防腐剂。

4. 分析步骤

（1）干扰的排除

若无以下各种干扰，此节可省去。

① 如水样浑浊及带有颜色，则取 150 mL 或取适量水样稀释至 150 mL，置于 250 mL 锥形瓶中，加入 2 mL 氢氧化铝悬浮液，振荡过滤，弃去最初滤下的 20 mL，用干的清洁锥形瓶接取滤液，备用。

② 如果有机物含量高或色度高，可用马弗炉灰化法预先处理水样。取适量废水样于瓷蒸发皿中，调节 pH 值至 8～9，置水浴上蒸干，然后放入马弗炉中在 600 ℃ 下灼烧 1 h，取出冷却后，加 10 mL 蒸馏水溶解，移入 250 mL 锥形瓶中，并用蒸馏水清洗三次，一并转入锥形瓶中，调节 pH 值到 7 左右，最后稀释至 50 mL。

③ 由有机质而产生的较轻色度，可以加入 0.01 mol·L^{-1} 高锰酸钾 2 mL，煮沸。再滴加乙醇以除去多余的高锰酸钾至水样退色，过滤，滤液贮于锥形瓶中备用。

④ 如果水样中含有硫化物、亚硫酸盐或硫代硫酸盐，则加氢氧化钠溶液将水样调至中性或弱碱性，加入 1 mL 30%过氧化氢，摇匀。1 min 后加热至 70～80 ℃，以除去过量的过氧化氢。

（2）测定

① 用吸管吸取 50 mL 水样或经过预处理的水样（若氯化物含量高，可取适量水样用蒸馏水稀释至 50 mL），置于锥形瓶中。另取一锥形瓶加入 50 mL 蒸馏水作空白实验。

② 如水样 pH 值在 6.5～10.5 范围时，可直接滴定，超出此范围的水样应以酚酞做指示剂，用稀硫酸（0.05 mol·L^{-1}）或氢氧化钠溶液（0.05 mol·L^{-1}）调节至红色刚刚退去。

③ 加入 1 mL 铬酸钾溶液，用硝酸银标准溶液滴定至砖红色沉淀刚刚出现即为滴定终点。

同法作空白滴定。

注：铬酸钾在水样中的浓度影响终点到达的迟早，在 50～100 mL 滴定液中加入 1 mL 5%铬酸钾溶液，使 CrO_4^{2-} 浓度为 $2.6×10^{-3}$～$5.2×10^{-3}$ mol·L^{-1}。在滴定终点时，硝酸银加入量略过终点，可用空白测定值消除。

5. 结果记录及计算

（1）$AgNO_3$ 标准溶液浓度标定

表 3-1 AgNO₃ 标准溶液浓度标定实验数据记录

锥形瓶编号			
滴定管终读数/mL			
滴定管始读数/mL			
消耗 AgNO₃ 的体积/mL			
AgNO₃ 的浓度/mol·L⁻¹			
AgNO₃ 浓度平均值/mol·L⁻¹			

（2）水样氯化物测定

表 3-2 水样氯化物测定实验数据记录

锥形瓶编号			
滴定管终读数/mL			
滴定管始读数/mL			
消耗 AgNO₃ 的体积/mL			
氯化物含量/mg·L⁻¹			
氯化物含量平均值/mg·L⁻¹			

氯化物含量 c (mg·L⁻¹) 按下式计算：

$$c = \frac{(V_2 - V_1) \times c(\text{AgNO}_3) \times 35.45 \times 1000}{V}$$

式中 V_1——蒸馏水消耗硝酸银标准溶液的体积，mL；
V_2——试样消耗硝酸银标准溶液的体积，mL；
$c(\text{AgNO}_3)$——硝酸银标准溶液的浓度，mol·L⁻¹；
V——试样体积，mL。

项目四　配位滴定法

❖❖ 学习要求 ❖❖

（1）了解配位化合物及 EDTA；
（2）掌握稳定常数及其计算方法；
（3）掌握酸效应及其对配位化合物的影响；
（4）掌握提高测定选择性的常用方法和 EDTA 滴定的基本原理；
（5）掌握配位滴定法及金属指示剂的作用原理；
（6）掌握硬度的测定及其计算方法。

❖❖ 基础知识 ❖❖

配位滴定又称为络合滴定，是以配位反应和配位平衡为基础的滴定分析法。配位反应是金属离子（M）和中性分子或阴离子（以 L 表示）以配位键结合生成配位化合物的反应。并非所有的配位反应都可用于配位滴定，能够用于滴定的反应除了必须满足一般滴定分析的基本要求外，还应满足下列条件。

（1）配位反应必须完全，即生成的配位化合物要有足够大的稳定常数。
（2）在一定条件下，配位数恒定，即只形成一种配位数的化合物。

在水质分析中，配位滴定法主要用于测定水中的硬度以及 Ca^{2+}、Mg^{2+}、Fe^{3+}、Al^{3+} 等多种金属离子，也可间接测定水中的 SO_4^{2-}、PO_4^{3-} 等阴离子。

一、配位化合物的基本概念

（一）配合物定义

配位化合物（配合物）是一类具有特征化学结构的化合物，由中心原子（或离子，统称中心原子）和围绕它的分子或离子（称为配位体或配体）完全或部分通过配位键结合而形成。

（二）配合物组成

大多数配合物由外界和内界组成，如$[Cu(NH_3)_4]SO_4$。配合物中比较复杂的配位单元称为配合物的内界，一般用方括号括起来，方括号之外的部分称为外界。内界是配合物的特征部分，由形成体和配位体通过配位键结合而成。

1. 形成体

在配位单元中与配位体以配位键相连接的部分称为形成体，是配合物的核心。一般为金属离子（常为过渡金属），如Fe^{3+}、Zn^{2+}、Ag^+、Cu^{2+}、Ni^{2+}等，也可以是中心原子和高氧化态的非金属元素。

2. 配位体

在内界中，分布在形成体周围与其紧密结合的阴离子或分子称为配合物的配位体，简称配体。如$[Cu(NH_3)_4]^{2+}$中的NH_3。配位体中直接与形成体结合的原子称为配位原子。配位原子一般是带孤对电子的非金属元素，如 N、O、C、S、F、Cl、Br、I 等。

只含有一个配位原子的配体称为单基配体，如NH_3、H_2O、CN^-、F^-、Cl^-等；含有两个或两个以上配位原子的配体称多基配体，如乙二胺 $H_2N—CH_2—CH_2—NH_2$（简写为 EN）和乙二胺四乙酸（简写为 EDTA）。

（三）配合物命名

配合物命名遵循一般无机物命名规则。阴离子为简单离子的称为"某化某"，阴离子为复杂离子的称为"某酸某"。

配合物的命名主要是配位单元，配位单元的命名顺序为：

配体数（汉字）-配位体名称-"合"字-中心离子名称（在括号内用罗马数字表示其氧化数）

例如：

$[Co(NH_3)_6]Cl_3$	三氯化六氨合钴（Ⅲ）
$K_3[Fe(CN)_6]$	六氰合铁（Ⅲ）酸钾

二、配位化合物的离解平衡和稳定常数

（一）稳定常数

在配位反应中，配合物的形成和离解构成配位平衡。其平衡常数用稳定常数或不稳定常数表示。金属离子与配位剂的反应，如果只形成 1：1 型配合物，如 EDTA 与金属离子（M）的反应方程式为

$$M + Y \rightleftharpoons MY$$

当配位反应达到平衡时，其反应平衡常数为配合物的稳定常数，用 $K_{稳}$ 表示。

$$K_{稳} = \frac{c(MY)}{c(M)c(Y)} \tag{4-1}$$

其逆反应 $MY \rightleftharpoons M+Y$ 是配合物的离解反应，达到平衡时的平衡常数为配合物的离解常数，又称作不稳定常数。

$$K_{不稳} = \frac{c(M)c(Y)}{c(MY)}$$

$$K_{不稳} = \frac{1}{K_{稳}}$$

$$\lg K_{稳} = pK_{不稳} \tag{4-2}$$

不同配合物具有不同的稳定常数 $K_{稳}$，见附录 G。可根据稳定常数大小判断一个配合物的稳定性，稳定常数越大，配合物越稳定，配位反应越易发生。

当金属离子 M 与配位剂 L 反应，形成的是 1：n 型配合物（如 ML_n）时，其配位反应是逐级进行的，相应的逐级稳定常数用 $K_{稳1}$，$K_{稳2}$，$K_{稳3}$，…，$K_{稳n}$，表示。

$$M + Y \rightleftharpoons MY \qquad K_{稳_1} = \frac{c(ML)}{c(M)c(L)}$$

$$M + L \rightleftharpoons ML_2 \qquad K_{稳_2} = \frac{c(ML_2)}{c(ML)c(L)}$$

$$\vdots \qquad\qquad\qquad \vdots$$

$$ML_{n-1} + L \rightleftharpoons ML_n \qquad K_{稳_n} = \frac{c(ML_n)}{c(ML_{n-1})c(L)}$$

此时，同一级的 $K_{稳}$ 与 $K_{不稳}$ 不是倒数关系；其第一级稳定常数是第 n 级不稳定常数的倒数，第二级稳定常数是第 $n-1$ 级不稳定常数的倒数，依次类推。

也可用累计稳定常数表示

第一级累积稳定常数：$\beta_1 = \frac{c(ML)}{c(M)c(L)} = K_{稳_1}$

第二级累积稳定常数：$\beta_2 = \dfrac{c(\mathrm{ML}_2)}{c(\mathrm{M})c^2(\mathrm{L})} = K_{稳_1} \cdot K_{稳_2}$

$\vdots \qquad\qquad\qquad \vdots$

第 n 级累积稳定常数：$\beta_n = \dfrac{c(\mathrm{ML}_n)}{c(\mathrm{M})c^n(\mathrm{L})} = K_{稳_1} \cdot K_{稳_2} \cdots K_{稳_n}$

最后一级累积稳定常数 β_n 又称为总稳定常数。运用稳定常数和各级累积稳定常数可以比较方便地计算溶液中各级配合物型体的平衡浓度。

（二）分布系数

与酸碱溶液的分布系数相似，在络合平衡中，溶液中金属离子所存在的各种型体的平衡浓度与溶液中金属离子总浓度（即分析浓度）的比值称为各级配合物的分布分数（或摩尔分数），用 δ_{ML_n} 表示，当溶液中金属离子的分析浓度为 c_{M} 时，则有：

$$c_{\mathrm{M}} = c(\mathrm{M}) + c(\mathrm{ML}) + c(\mathrm{ML}_2) + \cdots + c(\mathrm{ML}_n)$$

$$= c(\mathrm{M}) + \beta_1 c(\mathrm{M})c(\mathrm{L}) + \beta_2 c(\mathrm{M})c^2(\mathrm{L}) + \cdots + \beta_n c(\mathrm{M})c^n(\mathrm{L})$$

$$= c(\mathrm{M})[1 + \beta_1 c(\mathrm{L}) + \beta_2 c^2(\mathrm{L}) + \cdots \beta_n c(\mathrm{L})^n]$$

按分布分数 δ 的定义，得到：

$$\delta_{\mathrm{M}} = \frac{c(\mathrm{M})}{c_{\mathrm{M}}} = \frac{c(\mathrm{M})}{c(\mathrm{M})[1 + \sum_{i=1}^{n} \beta_i c^i(\mathrm{L})]} = \frac{1}{1 + \sum_{i=1}^{n} \beta_i c^i(\mathrm{L})}$$

$$\delta_{\mathrm{ML}} = \frac{c(\mathrm{ML})}{c_{\mathrm{M}}} = \frac{\beta_i c(\mathrm{M})c(\mathrm{L})}{c(\mathrm{M})[1 + \sum_{i=1}^{n} \beta_i c^i(\mathrm{L})]} = \frac{\beta_i c(\mathrm{L})}{1 + \sum_{i=1}^{n} \beta_i c^i(\mathrm{L})}$$

$$\vdots$$

$$\delta_{\mathrm{ML}_n} = \frac{c(\mathrm{ML}_n)}{c_{\mathrm{M}}} = \frac{\beta_n c(\mathrm{M})c^n(\mathrm{L})}{c(\mathrm{M})[1 + \sum_{i=1}^{n} \beta_i c^i(\mathrm{L})]} = \frac{\beta_n c^n(\mathrm{L})}{1 + \sum_{i=1}^{n} \beta_i c(\mathrm{L})^i}$$

可见，配合物的分布分数值 δ_{ML_n} 是 $c(\mathrm{L})$ 的函数，且各型体的分布系数之和为 1，即

$$\delta_{\mathrm{M}} + \delta_{\mathrm{ML}} + \delta_{\mathrm{ML}_2} + \cdots + \delta_{\mathrm{ML}_n} = 1$$

三、EDTA 及其配位化合物

目前，使用最多的配合剂是氨羧类配合剂（有机配合剂）。在水质分析中，应用最广的氨羧类配合剂是乙二胺四乙酸（或乙二胺四乙酸二钠盐），习惯上称为 EDTA，其结构式为

$$HOOC-CH_2 \diagdown N-CH_2-CH_2-N \diagup CH_2-COOH$$
$$HOOC-CH_2 \diagup \qquad\qquad\qquad \diagdown CH_2-COOH$$

或

$$^-OOCH_2C \diagdown \overset{H^+}{N}-CH_2-CH_2-\overset{H^+}{N} \diagup CH_2COOH$$
$$HOOCH_2C \diagup \qquad\qquad\qquad \diagdown CH_2COO^-$$

（一）EDTA 的性质

乙二胺四乙酸简称 EDTA，为四元酸，用 H_4Y 表示其分子式。

EDTA 在水中溶解度较小（22 ℃ 时仅为 0.02 g/100 mL），难溶于酸和有机溶剂，易溶于 NaOH，并形成相应的盐，该盐在水中的溶解度较大（22 ℃ 时为 11.2 g/100 mL，浓度约为 0.3 mol·L^{-1}，pH 约为 4.4）。因此，实际使用的是 EDTA 二钠盐（$Na_2H_2Y \cdot 2H_2O$）。EDTA 二钠盐通常也简称 EDTA，分析中一般配成 0.01 ~ 0.02 mol·L^{-1} 的溶液，0.01 mol·L^{-1} LEDTA 溶液的 pH 约为 4.8。

在水溶液中，EDTA 分子中互为对角线上的两个羧基的 H$^+$ 会转移至 N 原子上，形成双偶极离子结构。

在溶液酸度较大时，H_4Y 的两个羧酸根可再接受 H$^+$，形成 H_6Y^{2+}，这样 EDTA 就相当于一个六元酸，相应地有 6 级离解及离解平衡。

$$H_6Y^{2+} \rightleftharpoons H^+ + H_5Y^+ \qquad K_{a_1} = 1.3 \times 10^{-1} = 10^{-0.9}$$

$$H_5Y^+ \rightleftharpoons H^+ + H_4Y \qquad K_{a_2} = 2.5 \times 10^{-2} = 10^{-1.6}$$

$$H_4Y \rightleftharpoons H^+ + H_3Y^- \qquad K_{a_3} = 8.5 \times 10^{-3} = 10^{-2.07}$$

$$H_3Y^- \rightleftharpoons H^+ + H_2Y^{2-} \qquad K_{a_4} = 1.77 \times 10^{-3} = 10^{-2.75}$$

$$H_2Y^{2-} \rightleftharpoons H^+ + H_3Y^- \qquad K_{a_5} = 5.75 \times 10^{-7} = 10^{-6.24}$$

$$HY^{3-} \rightleftharpoons H^+ + Y^{4-} \qquad K_{a_6} = 4.57 \times 10^{-11} = 10^{-10.34}$$

水溶液中，EDTA 的 7 种存在形体为 H_6Y^{2+}、H_5Y^+、H_4Y、H_3Y^-、H_2Y^{2-}、HY^{3-}、

Y^{4-}，它们存在一系列的酸碱平衡。在不同酸度下，各种型体的浓度不同。它们的分布系数 δ 与 pH 值的关系如图 4-1 所示。

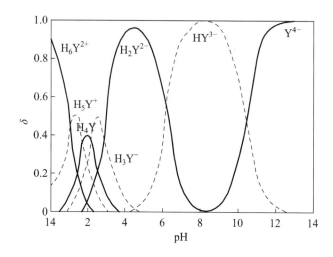

图 4-1　EDTA 各种形体分布图

由图 4-1 可知，pH＜1 时，EDTA 主要以 H_6Y^{2+} 型体存在，pH=2.75 ~ 6.24 时，EDTA 主要以 H_2Y^{2-} 型体存在；pH＞10.34 时，EDTA 主要以 Y^{4-} 型体存在；pH＞12 时，只有 Y^{4-} 一种型体存在，此时 Y^{4-} 的分布系数 δ_0=1。这些型体中，只有 Y^{4-} 与金属离子形成的配合物最稳定。

（二）EDTA 的配位特性

1. EDTA 具有广泛配位性能

在水溶液中，EDTA 几乎能与所有金属离子迅速形成配合物，可以满足配位滴定的要求，但是 EDTA 配位作用的普遍性，使其配位反应的选择性降低，这就要求在进行配位滴定时要设法提高其选择性，以便有针对性地测定其中的某一种金属离子。

2. EDTA 配合物的稳定性较高

EDTA 配合物之所以具有很高的稳定性，是因为 EDTA 分子能与绝大多数金属离子形成具有多个五元环结构的螯合物，其立体结构如下所示。在 EDTA 中能形成配位键的 N—O 之间和两个 N 原子之间均隔着两个不能配位的 C 原子，所以 EDTA 与金属离子发生配位反应时可形成 5 个五元环，而具有五元环或六元环的螯合物很稳定，而且形成的环越多，螯合物就越稳定。

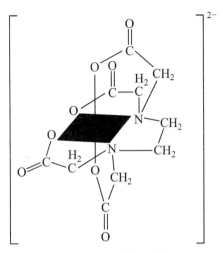

EDTA-M 螯合物结构

3. EDTA 的配位比简单

EDTA 与多数金属离子以 1:1 的比值形成配合物，没有分级络合现象。EDTA 是多基配位体，有 6 个配位原子，且这 6 个配位原子在空间位置上均能与同一金属离子配位，而大多数金属离子的配位数不超过 6，因此一般均生成 1:1 的螯合物。只有少数高价金属离子与 EDTA 络合时，形成的配合物不是 1:1 型的，如 5 价钼与 EDTA 形成的配合物为 $(MoO_2)_2Y^{2-}$。

4. EDTA 配合物的颜色

EDTA 与无色金属离子生成无色的配合物，这有利于用指示剂确定滴定终点。与有色金属离子一般生成颜色更深的配合物，如 Cu^{2+} 显浅蓝色，而 CuY^{2-} 显深蓝色。滴定这些离子时，要控制金属离子的浓度不宜过大，否则配合物的颜色将干扰终点颜色观察。

四、配位滴定中的副反应和条件稳定常数

在配位滴定中，被滴定的金属离子与配位剂的反应为主反应，除此之外还存在各种副反应，如下所示。反应物 M 及 Y 的各种副反应不利于主反应的进行，生成物 MY 的各种副反应有利于主反应的进行。M、Y 及 MY 的各种副反应进行的程度，由副反应系数表示。

根据平衡关系计算其副反应的影响，即求未参加主反应组分 M 或 Y 的总浓度与平衡浓度 $c(M)$ 或 $c(Y)$ 的比值，得到副反应系数。下面对配位滴定反应中几种重

要的副反应及副反应系数分别加以讨论。

EDTA 滴定的各副反应

（一）EDTA 的副反应及副反应系数

EDTA 的副反应主要是溶液中的 H^+ 产生的酸效应和其他共存金属离子产生的共存离子效应。

1. 酸效应和酸效应系数

水溶液中 EDTA 的各型体的相对含量取决于溶液的 pH 值的大小。按酸碱质子理论，这 7 种型体的 EDTA(Y) 是一种广义的碱。因此，当 M 与 Y 进行配位反应时，如有 H^+ 存在，就会与 Y^{4-} 作用，生成它的共轭酸 HY^{3-}、H_2Y^{2-}、H_3Y^-、…、H_6Y^{2+} 等一系列副反应产物，而使 Y^{4-} 的平衡浓度降低，使主反应受到影响。

$$M + Y \longrightarrow MY（主反应）$$

$$Y \xrightarrow{H^+} HY \xrightarrow{H^+} H_2Y \longrightarrow \cdots \longrightarrow H_6Y（副反应）$$

EDTA 的酸效应消耗了参加主反应的配位剂，影响到主反应，可见，pH 值对 EDTA 离解平衡有重要影响，这种由于 H^+ 的存在，使配位剂参加主反应能力降低的效应称为酸效应。H^+ 引起副反应时的副反应系数称为酸效应系数，用 $\alpha_{Y(H)}$ 表示。

EDTA 各型体与金属离子（M^{n+}）形成的配合物中，Y^{4-} 形成的配合物最稳定，所以 EDTA 与金属离子络合的有效浓度为 $c(Y^{4-})$。从 EDTA 的分布系数与 pH 值的分布曲线（图 4-1）可见，只有 $pH \geq 12$ 时，才能有 100% Y^{4-} 型体，在其他的 pH 值下，Y^{4-} 只占 EDTA 总浓度的一部分。如用 $c(Y)_总$ 表示未与 M^{n+} 络合的 EDTA 总浓度，则

$$c(Y)_总 = c(Y^{4-}) + c(HY^{3-}) + c(H_2Y^{2-}) + c(H_3Y^-) + c(H_4Y) + c(H_5Y^+) + c(H_6Y^{2+})$$

酸效应系数 $\alpha_{Y(H)}$ 表示未与 M^{n+} 络合的 EDTA 的总浓度 $c(Y)_总$ 与 Y 的平衡浓度 $c(Y^{4-})$ 的比值。

$$\alpha_{Y(H)} = \frac{c(Y)_总}{c(Y^{4-})} \tag{4-3}$$

由于 $c(Y^{4-})$ 随 pH 值增大而增大，因此，$\alpha_{Y(H)}$ 随 pH 值增大而降低；反之 pH 降低，$\alpha_{Y(H)}$ 酸效应系数增大。表 4-1 为不同 pH 值时的 $\lg \alpha_{Y(H)}$。

表 4-1　不同 pH 值时的 $\lg \alpha_{Y(H)}$

pH	$\lg \alpha_{Y(H)}$	pH	$\lg \alpha_{Y(H)}$	pH	$\lg \alpha_{Y(H)}$	pH	$\lg \alpha_{Y(H)}$	pH	$\lg \alpha_{Y(H)}$
0.0	23.64	2.5	11.90	5.0	6.45	7.5	2.78	10.0	0.45
0.1	23.06	2.6	11.62	5.1	6.26	7.6	2.68	10.1	0.39
0.2	22.47	2.7	11.35	5.2	6.07	7.7	2.57	10.2	0.33
0.3	21.89	2.8	11.09	5.3	5.88	7.8	2.47	10.3	0.28
0.4	21.32	2.9	10.84	5.4	5.69	7.9	2.37	10.4	0.24
0.5	20.75	3.0	10.8	5.5	5.51	8.0	2.3	10.5	0.20
0.6	20.18	3.1	10.37	5.6	5.33	8.1	2.17	10.6	0.16
0.7	19.62	3.2	10.14	5.7	5.15	8.2	2.07	10.7	0.13
0.8	19.08	3.3	9.92	5.8	4.98	8.3	1.97	10.8	0.11
0.9	18.54	3.4	9.70	5.9	4.81	8.4	1.87	10.9	0.09
1.0	18.01	3.5	9.48	6.0	4.8	8.5	1.77	11.0	0.07
1.1	17.49	3.6	9.27	6.1	4.49	8.6	1.67	11.1	0.06
1.2	16.98	3.7	9.06	6.2	4.34	8.7	1.57	11.2	0.05
1.3	16.49	3.8	8.85	6.3	4.20	8.8	1.48	11.3	0.04
1.4	16.02	3.9	8.65	6.4	4.06	8.9	1.38	11.4	0.03
1.5	15.55	4.0	8.6	6.5	3.92	9.0	1.29	11.5	0.02
1.6	15.11	4.1	8.24	6.6	3.79	9.1	1.19	11.6	0.02
1.7	14.68	4.2	8.04	6.7	3.67	9.2	1.10	11.7	0.02
1.8	14.27	4.3	7.84	6.8	3.55	9.3	1.01	11.8	0.01
1.9	13.88	4.4	7.64	6.9	3.43	9.4	0.92	11.9	0.01
2.0	13.8	4.5	7.44	7.0	3.4	9.5	0.83	12.0	0.01
2.1	13.16	4.6	7.24	7.1	3.21	9.6	0.75	12.1	0.01
2.2	12.82	4.7	7.04	7.2	3.10	9.7	0.67	12.2	0.005
2.3	12.50	4.8	6.84	7.3	2.99	9.8	0.59	13.0	0.0008
2.4	12.19	4.9	6.65	7.4	2.88	9.9	0.52	13.9	0.0001

2. 共存离子效应

若除了金属离子 M 与配位剂 Y 反应外，共存离子 N 也能与配位剂 Y 反应，则这一反应可看作 Y 的一种副反应，它能降低 Y 的平衡浓度。共存离子引起的副反应称为共存离子效应。用共存离子效应系数 $\alpha_{Y(N)}$ 表示。

$$\alpha_{Y(N)} = \frac{c(Y)_{\text{总}}}{c(Y)} = \frac{c(Y) + c(NY)}{c(Y)} = 1 + K_{NY}c(N) \tag{4-4}$$

式中　$c(Y)_{\text{总}}$——NY 的平衡浓度与游离 Y 的平衡浓度之和；

　　　K_{NY}——NY 的稳定常数；

　　　$c(N)$——游离 N 的平衡浓度。

若有多种共存离子 N_1，N_2，N_3，$\cdots$，N_n 存在，则

$$\alpha_{Y(N)} = \frac{c(Y)_{\text{总}}}{c(Y)} = \frac{c(Y) + c(N_1Y) + c(N_2Y) + \cdots + c(N_nY)}{c(Y)}$$

$$= 1 + K_{N_1Y}c(N_1) + K_{N_2Y}c(N_2) + \cdots + K_{N_nY}c(N_n) \tag{4-5}$$

$$= \alpha_{Y(N_1)} + \alpha_{Y(N_2)} + \cdots + \alpha_{Y(N_n)} - (n-1)$$

当有多种共存离子存在时，往往只取其中一种或少数几种影响较大的共存离子副反应系数之和，而其他次要项可忽略不计。

3. EDTA 的总副反应系数 α_Y

当体系中既有共存离子 N，又有酸效应时，Y 的总副反应系数为

$$\alpha_Y = \alpha_{Y(H)} + \alpha_{Y(N)} - 1 \tag{4-6}$$

（二）M 的副反应及副反应系数

1. 配位效应和配位效应系数

溶液中存在其他配位剂（L）能与 M 形成配合物，使金属离子与配位剂 Y 进行主反应的能力降低的现象称为配位效应。配位剂 L 引起副反应时的副反应系数为配位效应系数 $\alpha_{M(L)}$，其表示没有参加主反应的金属离子总浓度与游离金属离子浓度(M)的比值。

$$\alpha_{M(L)} = \frac{c(M')}{c(M)} = \frac{c(M) + c(ML) + c(ML_2) + \cdots + c(ML_n)}{c(M)} \tag{4-7}$$

$\alpha_{M(L)}$ 越大，表示副反应越严重。如果 M 没有副反应，则 $\alpha_{M(L)} = 1$。

2. M 的总副反应系数 α_M

如果溶液中有多种配位剂能同时与金属离子 M 发生副反应，则 M 的总副反应系数 α_M 为

$$\alpha_M = \alpha_{M(L_1)} + \alpha_{M(L_2)} + \cdots + \alpha_{M(L_n)} - (n-1) \qquad (4\text{-}8)$$

一般来说，有多种配位剂共存的情况下，只有一种或少数几种配位剂的副反应是主要的，由此来决定副反应系数，其他副反应可以忽略。

（三）MY 的副反应及副反应系数

在较高的酸度下，金属离子 M 除生成主反应产物 MY 外，还能与 EDTA 生成酸式配合物 MHY。在较低酸度下，金属离子 M 还能与 EDTA 生成碱式配合物 M(OH)Y。酸式和碱式配合物的生成使 EDTA 对 M 的络合能力增强，是对主反应有利的副反应。相应的副反应系数为

$$\alpha_{MY(H)} = \frac{c(MY')}{c(MY)} = \frac{c(MY) + c(MHY)}{c(MY)} = 1 + K_{MHY}^{H} c(H^+)$$

$$\alpha_{MY(OH)} = 1 + K_{M(OH)Y}^{OH} c(OH^-)$$

由于酸式、碱式配合物一般不太稳定，故在多数计算中忽略。

（四）条件稳定常数

配位滴定时金属离子 M 与配位剂 EDTA 反应生成 MY，在没有副反应发生的情况下，可用 $K_稳$ 衡量金属离子 M 与 EDTA 的反应进程，$K_稳$ 越大，配合物越稳定。在实际滴定时，受 M、Y 的各种副反应的影响，$K_稳$ 已不能真实反映主反应的进程。此时应考虑未参加反应的 M、Y 的其他型体。用 $c(M')$ 表示未参加反应的 M 的总浓度，用 $c(Y')$ 表示未参加反应的 Y 的总浓度，用 $c(MY')$ 表示生成的 MY、MHY、M(OH)Y 等生成物的总浓度。当反应达到平衡时，可得到用 $c(M')$、$c(Y')$、$c(MY')$ 表示的稳定常数，即条件稳定常数 $K_稳'$，其表示在有副反应存在的条件下，配位反应的实际反应程度，在配位滴定中更有实际意义。

$$K_稳' = \frac{c(MY')}{c(M')c(Y')}$$

从上面副反应系数的讨论可知

$$c(M') = \alpha_M c(M) , \quad c(Y') = \alpha_Y c(Y) , \quad c(MY') = \alpha_{MY} c(MY)$$

所以

$$K_稳' = \frac{\alpha_{MY} c(MY)}{\alpha_M c(M) \alpha_Y c(Y)} = K_稳 \frac{\alpha_{MY}}{\alpha_M \alpha_Y} \qquad (4\text{-}9)$$

取对数，得

$$\lg K_稳' = \lg K_稳 - \lg \alpha_M - \lg \alpha_Y + \lg \alpha_{MY}$$

在一定条件下，α_M、α_Y、α_{MY} 为定值，$K'_{稳}$ 在一定条件下也为定值。在很多情况下 MY 的副反应可忽略，式（4-9）可简化为

$$\lg K'_{稳} = \lg K_{稳} - \lg \alpha_M - \lg \alpha_Y \qquad （4\text{-}10）$$

五、配位滴定的基本原理

（一）配位滴定曲线

配位滴定时，在金属离子的溶液中，随着配位滴定剂的加入，金属离子不断发生配位反应，浓度逐渐减小。在化学计量点附近，溶液中金属离子的浓度发生突跃。

现以 0.0100 mol·L^{-1} EDTA 标准溶液，在 pH=12 时滴定 20.00 mL 0.0100 mol·L^{-1} Ca^{2+}（$\lg K_{CaY} = 10.69$）为例进行讨论。

因为 Ca^{2+} 既不易水解，也不和其他配位剂反应，所以只考虑 EDTA 的酸效应。pH=12 时，$\lg \alpha_{Y(H)} = 0$，此时可认为无酸效应。

（1）滴定前，溶液中 Ca^{2+} 浓度为

$$c(Ca^{2+}) = 0.0100 \text{ mol·L}^{-1}$$

$$pCa = -\lg 0.010\,00 = 2.0$$

（2）滴定开始至计量点前，溶液中的 Ca^{2+} 浓度主要取决于被滴定的 Ca^{2+} 浓度，当滴入 19.98 mL EDTA 溶液时，

$$c(Ca^{2+}) = 0.0100 \times 20.00 - 19.98/20.00 + 19.98 = 5.0 \times 10^{-6}（\text{mol·L}^{-1}）$$

$$pCa = -\lg 5.0 \times 10^{-6} = 5.3$$

（3）计量点时，当滴入 20.00 mL EDTA 溶液时，Ca^{2+} 与 EDTA 完全配位，此时 Ca^{2+} 浓度由 CaY 的解离计算。

计量点时，Ca^{2+} 和 Y 浓度相等。

$$c(CaY) = c(Ca)/2 = 0.0050 \text{ mol·L}^{-1}$$

$$K'_{稳} = \frac{c(CaY)}{c(Ca^{2+})c(Y)} = \frac{0.005\,0}{c^2(Ca^{2+})}$$

$$c(Ca^{2+}) = 10^{-6.50} \text{ mol·L}^{-1}$$

$$pCa = 6.50$$

（4）计量点后，溶液中 Y 的浓度取决于 EDTA 的过量浓度，当加入 20.02 mL EDTA 时：

$$c(Y) = 0.0100 \times (20.02 - 20.00)/(20.00 + 20.02) = 4.998 \times 10^{-6}(\text{mol} \cdot \text{L}^{-1})$$

$$c(CaY) = 0.0100 \times 20.00/20.00 + 20.0 = 5.00 \times 10^{-3}(\text{mol} \cdot \text{L}^{-1})$$

$$K'_{\text{稳}} = \frac{c(CaY)}{c(Ca^{2+})c(Y)} = 10^{-7.69}$$

$$c(Ca^{2+}) = 10^{-7.69}$$

$$pCa = 7.69$$

所以 pH=12.0 时，突跃范围 pCa=5.3 ~ 7.69。

根据条件稳定常数 $K'_{\text{稳}}$ 的数值，按上述方法可求出 pH = 6、7、8、10 时各点的 pM 值，并逐一计算滴定过程中 Ca^{2+} 浓度的变化。以 pCa 为纵坐标，以滴定分数为横坐标绘制出滴定曲线，如图 4-2 所示。

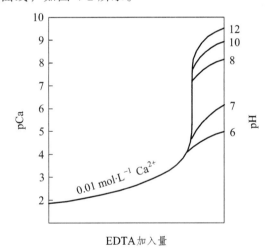

图 4-2　0.01 mol · L⁻¹ EDTA 滴定 0.01 mol · L⁻¹ Ca^{2+} 的滴定曲线

（二）影响滴定突跃的主要因素

影响配位滴定突跃的主要因素是配位化合物的条件稳定常数和被滴定金属离子的浓度。

（1） $\lg K'_{\text{MY}}$ 越大，滴定突跃越大。由图 4-2 可见，pH 不同，滴定曲线的突跃范围就不同。pH 越大， $\lg K'_{\text{MY}}$ 越大，配位化合物越稳定，滴定曲线的突跃范围也越宽。

（2）被滴定金属离子的浓度 c_M 越大，滴定突跃越大，如图 4-3 所示。

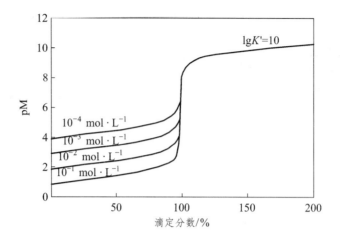

图 4-3 EDTA 滴定不同金属离子的滴定曲线

（三）化学计量点时 pM_{sp} 的计算

为了选择适当的金属指示剂，就要计算 pM_{sp} 的值。计量点时，其计算通式是

$$c(M_{sp}) = \sqrt{\frac{c_{M,sp}}{K'_{MY}}}$$

$$pM_{sp} = \frac{1}{2}(pc_{M,sp}) + \lg K'_{MY} \qquad （4-11）$$

式中　　K'_{MY}——条件稳定常数；

　　　$c(M_{sp})$——计量点时溶液中金属离子 M 的平衡浓度；

　　　$c_{M,sp}$——计量点时溶液中金属离子 M 的分析浓度，即各种型体的总浓度。

计量点时 $c(M_{sp})$ 很小，所以

$$c_{M,sp} = c(M_{sp}) + c[(MY)_{sp}] \approx \frac{1}{2}c_M$$

式中　　c_M——金属离子初始浓度。

（四）提高测定选择性的常用方法

实际水样中往往存在多种离子，可否在滴定一种离子后，继续滴定另一种离子呢，通常采用以下几种方法来实现。

1. 控制溶液的酸度

前面讨论了通过控制溶液不同 pH 值，实现连续滴定。但不是任意两种离子都可以通过控制酸度的方法进行分步滴定，还需要知道通过控制溶液酸度的方法实现共存离子的分步测定条件。

有干扰离子存在的配位滴定，若允许滴定误差为±0.5%，须满足：

$$\Delta \lg K + \lg \frac{c_M}{c_N} \geqslant 5 \qquad (4\text{-}12)$$

式中

$$\Delta \lg K = \lg K_{MY} - \lg K_{NY} = \lg \frac{K_{MY}}{K_{NY}}$$

$\lg K_{MY}$，$\lg K_{NY}$——M 和 N 与 Y 的配位化合物的稳定常数；

$\lg \dfrac{c_M}{c_N}$——被滴定水样中 M 和 N 的总浓度比值。

若 $c_M = c_N$，一般取 $\Delta \lg K = 5$ 作为是否能进行分别滴定的判断标准。

通过控制 pH 值，先在较小 pH 值时滴定 MY 稳定常数大的 M 离子，再在较大 pH 值时滴定稳定常数小的 N 离子。因此，只要适当控制 pH 值便可消除干扰，实现分别滴定或连续滴定

2. 利用掩蔽法对共存离子进行分别测定

在配位滴定中，如果利用控制 pH 值的办法尚不能消除干扰离子时，常利用加入掩蔽剂掩蔽干扰离子的办法来抑制干扰离子与 EDTA 配合。常用的掩蔽法有配位掩蔽法、沉淀掩蔽法和氧化还原掩蔽法，其中以配位掩蔽法最为常用。配位掩蔽法就是通过加入一种能与干扰离子生成更稳定配位化合物的试剂。例如，测定 Ca^{2+}、Mg^{2+}时，Fe^{3+}、Al^{3+}产生干扰，可采用加入三乙醇胺（能与 Fe^{3+}、Al^{3+}生成更稳定的配位化合物）来掩蔽干扰离子 Fe^{3+}、Al^{3+}。

利用氧化还原掩蔽法，如测定 Zn^{2+}时 Fe^{3+}有干扰，加入盐酸羟胺还原剂使 Fe^{3+}还原生成 Fe^{2+}，达到消除干扰的目的。

利用沉淀掩蔽法，如为消除 Mg^{2+}对 Ca^{2+}测定的干扰，利用 pH≥12 时，Mg^{2+}与 OH^-生成 $Mg(OH)_2$沉淀，达到消除干扰的目的。

3. 利用掩蔽解蔽法测定混合离子

在掩蔽一些离子进行滴定后，采用适当的方法解除掩蔽的过程，称为解蔽。

例如，Zn^{2+}和Pb^{2+}两种离子共存时进行分别滴定，用氨水调节试液 pH，在 pH=10 时，滴加 KCN，使 Zn^{2+}形成$[Zn(CN)_4]^{2-}$而掩蔽，用 EDTA 标准溶液滴定 Pb^{2+}后，加入甲醛或三氯乙醛解蔽，破坏$[Zn(CN)_4]^{2-}$，释放出 Zn^{2+}，再用 EDTA 标准溶液滴定即可。

六、金属指示剂

（一）金属指示剂的作用原理

金属指示剂是一些有机配位剂，可与金属离子形成有色配合物，其颜色与游离金属指示剂本身颜色不同，因此，可以指示被滴定金属离子在计量点附近金属离子浓度的变化。

用 EDTA 滴定水溶液中金属离子 M，加入指示剂 In，滴定前呈（MIn+M）色，滴定开始到计量点前呈（MIn+MY）的颜色，化学计量点时，由于 MY 的稳定性大于 MIn，则 MIn+Y $\rightleftharpoons$ MY+In，即呈现（MY+In）色，因此，溶液颜色由（MIn+MY）的颜色变为（MY+In）的颜色，表示到达滴定终点。

（二）金属指示剂应具备的条件

（1）在滴定的 pH 范围内，游离指示剂与其金属配合物 MIn 之间应有明显的颜色差别。

（2）指示剂与金属离子生成的配位化合物 MIn 应有适当的稳定性，一般要求：$K_{MIn} < K_{MY}$，且至少相差两个数量级，但要适当。若 K_{MIn} 太小，则未到终点时指示剂就游离出来，使终点提前；若 K_{MIn} 太大，则使终点拖后或得不到终点，这种现象称为指示剂的封闭现象。

（3）指示剂与金属离子反应迅速且可逆。

（4）指示剂与金属离子生成的配位化合物 MIn 应易溶于水。若形成的金属配位化合物 MIn 是胶体或沉淀，使滴定时与 EDTA 的置换作用缓慢，而使终点延长，这种现象称为指示剂的僵化现象。

（三）常见的金属指示剂

常见的金属指示剂有二甲酚橙、钙指示剂、PAN 指示剂、铬黑 T 等，见表 4-2。

表 4-2　常用的金属指示剂

指示剂	使用的适宜 pH 范围	颜色变化		能直接滴定的离子	指示剂配制	注意事项
		In	MIn			
铬黑 T（EBT）	8～10	蓝	红	pH=10，Mg^{2+}、Zn^{2+}、Cd^{2+}、Pb^{2+}、Mn^{2+}、稀土金属离子	1：100 NaCl（固体）	Fe^{3+}、Al^{3+}、Cu^{2+}、Ni^{2+}等离子封闭 EBT
酸性铬蓝 K	8～13	蓝	红	pH=10，Mg^{2+}、Zn^{2+}、Mn^{2+}；pH=13，Ca^{2+}	1：100 NaCl（固体）	
二甲酚橙（XO）	<6	亮黄	红	pH<1，ZrO^{2+}；pH=1～3.5，Bi^{3+}、Th^{4+}；pH=5～6，Ti^{3+}、Zn^{2+}、Pb^{2+}、Cd^{2+}、Hg^{2+}、稀土金属离子	0.5%水溶液	Fe^{3+}、Al^{3+}、Ni^{2+}、Ti^{4+}等离子封闭 XO
磺基水杨酸（SSal）	1.5～2.5	无色	紫红	pH=1.5～2.5，Fe^{3+}	5%水溶液	SSal 本身无色，FeY$^-$呈黄色
钙指示剂（NN）	12～13	蓝	红	Ph=12～13，Ca^{2+}	1：100 NaCl（固体）	Ti^{4+}、Fe^{3+}、Al^{3+}、Cu^{2+}、Ni^{2+}、Co^{2+}、Mn^{2+}等离子封闭 NN
PAN	2～12	黄	紫红	pH=2～3，Th^{4+}、Bi^{3+}；pH=4～5，Cu^{2+}、Ni^{2+}、Pb^{2+}、Cd^{2+}、Zn^{2+}、Mn^{2+}、Fe^{2+}	0.1%乙醇溶液	MIn 在水中溶解度小，为防止 PAN 僵化，滴定时需加热

七、配位滴定方式及应用

在配位滴定中，采用不同的滴定方式不但可以扩大配位滴定的应用范围，同时也可以提高配位滴定的选择性。常用的方式有以下四种。

1. 直接滴定法

这是配位滴定中最基本的方法。这种方法是将被测物质处理成溶液后，调节 pH 值，加入指示剂（有时还需要加入适当的辅助配位剂及掩蔽剂），直接用 EDTA 标准溶液进行滴定，然后根据消耗的 EDTA 标准溶液的体积，计算试样中被测组分的含量。

采用直接滴定法，必须符合以下几个条件：

（1）被测组分与 EDTA 的反应速度快，且满足 $\lg(c_{M,sp}K'_{MY}) \geqslant 6$ 的要求。

（2）在选用的滴定条件下，必须有变色敏锐的指示剂，且不受共存离子的影响而发生"封闭"作用。

（3）在选用的滴定条件下，被测组分不发生水解和沉淀反应，必要时可加辅助配位剂防止这些反应。

2. 返滴定法

返滴定法就是将被测物质制成溶液，调好 pH 值，加入过量的 EDTA 标准溶液，再用另一种标准金属离子溶液，返滴定过量的 EDTA，计算被测物质的含量。

例如，测定水样中的 Ba^{2+} 时，由于没有符合要求的指示剂，可加入过量的 EDTA 标准溶液，使 Ba^{2+} 与 EDTA 完全反应生成配位化合物 BaY 之后，再加入铬黑 T 作为指示剂，用 Mg^{2+} 标准溶液返滴定剩余的 EDTA 至溶液由红色变为蓝色，达到指示终点。然后由两种标准溶液的浓度和用量求得水中的 Ba^{2+} 的含量。

这种滴定方法，适用于无适当指示剂或与 EDTA 不能迅速配合的金属离子的测定。

3. 置换滴定法

利用置换反应，置换出等化学计量的另一种金属离子或置换出 EDTA，再用 EDTA 或另一种金属离子测定，求出被测金属离子 M 的方法。置换滴定法不仅能扩大配位滴定的应用范围，同时还可以提高配位滴定的选择性。

（1）置换出金属离子

如果被测定的离子 M 与 EDTA 反应不完全或所形成的配位化合物不稳定，这时可让 M 置换出另一种配位化合物 NL 中等物质的量的 N，用 EDTA 溶液滴定 N，从而可求得 M 的含量。

（2）置换出 EDTA

用一种选择性高的配合剂 L 将被测金属离子 M 与 EDTA 形成的配位化合物 MY 中的 EDTA 置换出来，与被测金属离子 M 等化学计量，然后用另一种金属离子 N 标准溶液滴定释放出的 EDTA，从而求得 M 的含量。

4. 间接滴定法

有些金属离子（如 Li^+、Na^+、K^+、Rb^+、Cs^+ 等）和一些非金属离子（如 SO_4^{2-}、PO_4^{3-} 等），由于不能和 EDTA 配合或与 EDTA 生成的配位化合物不稳定，不适合用配位滴定，这时可采用间接滴定的方法进行测定。

例如 PO_4^{3-} 的测定，在一定条件下，可将 PO_4^{3-} 沉淀为 $MgNH_4PO_4$，然后过滤，将沉淀溶解。调节溶液的 pH=10，以铬黑 T 作为指示剂，用 EDTA 标准溶液滴定沉淀中的 Mg^{2+}，由 Mg^{2+} 的含量间接计算出 PO_4^{3-} 的含量。

任务四　水中总硬度的测定

❖ 任务描述 ❖

乙二胺四乙酸二钠（EDTA-2Na）在 pH 为 10 的条件下与水中的钙、镁离子生成无色可溶性配合物，指示剂铬黑 T 则与钙、镁离子生成紫红色配合物。用 EDTA-2Na 滴定钙、镁离子至终点时，钙、镁离子全部与 EDTA-2Na 络合而使铬黑 T 游离，溶液即由紫红色变为蓝色。

❖ 实施方法及步骤 ❖

1. 试　剂

（1）0.01 mol·L⁻¹ 乙二胺四乙酸二钠标准溶液：称取 3.72 g 乙二胺四乙酸二钠（$Na_2C_{10}H_{14}N_2O_8 \cdot 2H_2O$，简称 EDTA-2Na），溶于纯水中，并稀释至 1000 mL，按以下步骤标定其准确浓度。

① 锌标准溶液：准确称取 0.6~0.8 g 的锌粒置于烧杯中，加入 1+1 盐酸后，置于水浴上温热至锌粒完全溶解。将反应后的溶液移入 1000 mL 容量瓶中，洗涤烧杯 3~4 次，并将洗涤液转移至容量瓶内，定容，摇匀。

$$c(\text{Zn}) = \frac{m}{M \cdot V}$$

式中　$c(\text{Zn})$——锌标准溶液的浓度，mol·L⁻¹；

　　　m——锌的质量，g；

　　　M——锌的摩尔质量，65.37 g·mol⁻¹；

　　　V——锌标准溶液体积，L。

② 吸取 20.00 mL 锌标准溶液于 250 mL 锥形瓶中，加 2 mL 缓冲溶液及 5 滴铬黑 T 指示剂，用 EDTA-2Na 溶液滴定至溶液由紫红色变为蓝色。平行滴定三次。按式（4-13）计算。

$$c(\text{EDTA}) = \frac{c(\text{Zn})V_1}{V_2} \tag{4-13}$$

式中　$c(\text{EDTA})$——EDTA-2Na 溶液的摩尔浓度，mol·L⁻¹；

　　　$c(\text{Zn})$——锌标准溶液的摩尔浓度，mol·L⁻¹；

　　　V_1——锌标准溶液体积，mL；

　　　V_2——EDTA-2Na 溶液体积，mL。

（2）缓冲溶液（pH=10）

① 称取 16.9 g 氯化铵（NH_4Cl），溶于 143 mL 浓氨水中。

② 称取 0.780 g 硫酸镁（$MgSO_4 \cdot 7H_2O$）及 1.178 g 乙二胺四乙酸二钠（$Na_2C_{10}H_{14}N_2O_8 \cdot 2H_2O$），溶于 50 mL 纯水中，加入 2 mL 氯化铵-氨水缓冲溶液和 5 滴铬黑 T 指示剂（此时溶液应呈紫红色，若为天蓝色，应再加极少量硫酸镁使之呈紫红色）。用 EDTA-2Na 溶液滴定至溶液由紫红色变为天蓝色。合并上述两种溶液，并用纯水稀释至 250 mL，合并后如溶液又变为紫色，在计算结果时应扣除试剂空白。

注：① 氨水-氯化铵缓冲液应贮存于聚乙烯瓶或硬质玻璃中。防止使用中因反复开盖，使氨水浓度降低而影响 pH 值。

② 配制缓冲溶液时，加入 EDTA-Mg 是为了使某些含镁较低的水样滴定终点更敏锐。如果备有市售 EDTA-Mg 试剂，则可直接取 1.25 g EDTA-Mg，配入 250 mL 缓冲溶液中。

③ EDTA-2Na 滴定钙、镁离子时，以铬黑 T 为指示剂其溶液控制 pH 值在 9.7～11 的范围内，越偏碱性终点越敏锐。但碱性过强会使碳酸钙及氢氧化镁沉淀，从而造成滴定误差。因此滴定时选用 pH=10 为宜。

（3）0.5%铬黑 T 指示剂：称取 0.5 g 铬黑 T，用 95%乙醇溶解并稀释至 100 mL，置于冰箱中保存，可稳定一个月。

固体指示剂：称取 0.5 g 铬黑 T，加 100 g 氯化钠，研磨均匀，贮于棕色瓶内，密塞备用，可较长期保存。

注：铬黑 T 指示剂配成溶液后较易失效。如果在滴定时终点不敏锐，而且加入掩蔽剂后仍不能改善，则应重新配制指示剂。

（4）5%硫化钠溶液：称取 5.0 g 硫化钠（$Na_2S \cdot 9H_2O$）溶于纯水中，并稀释至 100 mL。

（5）1.0%盐酸羟胺溶液：称取 1.0 g 盐酸羟胺（$NH_2OH \cdot HCl$），溶于纯水中，并稀释至 100 mL。

（6）10%氰化钾溶液：称取 100 g 氰化钾（KCN）溶于纯水中，并稀释至 100 mL（注意，此溶液剧毒！）。

2. 仪　器

（1）250 mL 锥形瓶。

（2）10 或 25 mL 滴定管。

（3）移液管

3. 操作步骤

（1）吸取 50.0 mL 水样（若硬度过大，可少取水样用水样稀释至 50 mL。若硬度过小，改取 100 mL），置于 250 mL 锥形瓶中。

注：为防止碳酸钙及氢氧化镁在碱性溶液中沉淀，滴定时水样中的钙、镁离子含量不能过多，若取 50 mL 水样，所消耗的 0.01 mol·L^{-1} EDTA-2Na 溶液体积应少于 15 mL。

（2）若水样中含有金属干扰离子使滴定终点延迟或颜色发暗，可另取水样，加入 0.5 mL 盐酸羟胺溶液及 1 mL 硫化钠溶液或 0.5 mL 氰化钾溶液。

（3）加入 1~2 mL 缓冲溶液及 5 滴铬黑 T 指示剂（或一小勺固体指示剂），立即用 EDTA-2Na 标准溶液滴定，充分振摇，至溶液由紫红色变为蓝色，即表示到达终点。平行滴定三次。

4. 数据记录及结果计算

（1）EDTA 溶液浓度的标定记录（表 4-3）

表 4-3　EDTA 溶液浓度的标定记录

锥形瓶编号	1	2	3
EDTA 的体积/mL			
EDTA 浓度/mol·L^{-1}			
EDTA 浓度平均值/mol·L^{-1}			

（2）水样硬度测定结果记录（表 4-4）

表 4-4　水样硬度测定结果记录

水样编号	1	2	3
EDTA 的体积/mL			
水样总硬度/CaCO$_3$ 计，mg·L^{-1}			
水样总硬度平均值/mg·L^{-1}			

总硬度按下式计算：

$$c = \frac{c(\text{EDTA}) \cdot V(\text{EDTA})}{V} \times 100.1 \times 1000$$

式中　c——水样的总硬度（CaCO$_3$），mg·L^{-1}；

$c(\text{EDTA})$——EDTA-2Na 溶液的浓度，mol·L^{-1}；

$V(\text{EDTA})$——EDTA-2Na 溶液的消耗量，mL；

V——水样体积，mL；

100.1——CaCO$_3$ 的摩尔质量，g·mol^{-1}。

项目五　氧化还原滴定法

❖ **学习要求** ❖

（1）了解氧化还原反应进行的方向、影响氧化还原反应速率的因素、氧化还原指示剂；

（2）掌握标准电极电位和条件电极电位、氧化还原反应进行的程度、氧化还原滴定基本原理；掌握高锰酸钾法及高锰酸盐指数的测定方法

（3）掌握重铬酸钾法及化学需氧量的测定方法；

（4）掌握碘量法及水中溶解氧、生物化学需氧量、余氯、臭氧等水质指标的测定方法。

❖ **基础知识** ❖

一、氧化还原平衡

（一）标准电极电位和条件电极电位

氧化还原反应可用下列平衡式表示：

$$Ox_1 + Red_2 \rightleftharpoons Red_1 + Ox_2$$

式中，Ox 表示某氧化还原电对的氧化态，Red 表示其还原态。它们的氧化还原半反应可表示为

$$Ox + ne^- \rightleftharpoons Red（n 是半反应中转移的电子数）$$

在氧化还原反应中，氧化剂和还原剂的强弱，可以用电对的电极电位来衡量。可逆氧化还原电对的电极电位可用能斯特方程式求得，即

$$\varphi_{Ox/Red} = \varphi_{Ox/Red}^{\ominus} + \frac{RT}{nF} \ln \frac{a_{Ox}}{a_{Red}} \tag{5-1}$$

式中　$\varphi_{Ox/Red}$ ——Ox/Red 电对的电极电位；

$\varphi_{\text{Ox/Red}}^{\ominus}$——Ox/Red 电对的标准电极电位;

a_{Ox}, a_{Red}——氧化态 Ox 及还原态 Red 的活度,离子的活度等于浓度 c 乘以活度系数 γ, $a = \gamma c$;

n——半反应中电子的转移数;

式(5-1)中其他项均为常数,气体常数 R 为 $8.314\ \text{J}\cdot\text{mol}^{-1}\cdot\text{K}^{-1}$,热力学温度 T 为 298 K,法拉第常数 F 为 $96\ 485\ \text{C}\cdot\text{mol}^{-1}$。将常数带入式(5-1),取常用对数,则得

$$\varphi_{\text{Ox/Red}} = \varphi_{\text{Ox/Red}}^{\ominus} + \frac{0.059}{n}\lg\frac{a_{\text{Ox}}}{a_{\text{Red}}} \qquad (5\text{-}2)$$

从式(5-2)中可见,电对的电极电位与存在于溶液中氧化态和还原态的活度有关。当 $a_{\text{Ox}} = a_{\text{Red}} = 1$ 时,$\varphi_{\text{Ox/Red}} = \varphi_{\text{Ox/Red}}^{\ominus}$,这时的电极电位等于标准电极电位。

标准电极电位是指在一定温度下(通常为 25 ℃),氧化还原半反应中各组分都处于标准状态,即离子或分子的活度等于 $1\ \text{mol}\cdot\text{L}^{-1}$,若有气体参加反应,其分压等于 101.325 kPa(1 标准大气压)时的电极电位。标准电极电位只与电对的本性有关,在温度一定时为常数。常见电对的标准电极电位见附录 H。

在实际分析中,如果忽略离子强度的影响,以溶液的浓度代替活度。则能斯特方程式变为

$$\varphi_{\text{Ox/Red}} = \varphi_{\text{Ox/Red}}^{\ominus} + \frac{0.059}{n}\lg\frac{c(\text{Ox})}{c(\text{Red})} \qquad (5\text{-}3)$$

电极电对的电位越高,其氧化态的氧化能力越强;电极电位越低,其还原态的还原能力越强。氧化剂可以氧化电极电位比它低的还原剂,还原剂可以还原电极电位比它高的氧化剂。

在实际工作中,溶液离子强度的影响不能忽视,更重要的是当溶液组成改变时,电对的氧化态和还原态的存在形式也随之改变,因而引起电极电位的变化。在这种情况下,用能斯特方程式计算有关电对电极电位时,若仍采用标准电极电位,不考虑离子强度的影响,其计算结果会与实际情况相差很大。现以 HCl 溶液中 Fe(Ⅲ)/Fe(Ⅱ)体系的电极电位计算为例,由能斯特方程式得到

$$\varphi_{\text{Fe}^{3+}/\text{Fe}^{2+}} = \varphi_{\text{Fe}^{3+}/\text{Fe}^{2+}}^{\ominus} + 0.059\lg\frac{a_{\text{Fe}^{3+}}}{a_{\text{Fe}^{2+}}} \qquad (5\text{-}4\text{a})$$

$$\varphi_{\text{Fe}^{3+}/\text{Fe}^{2+}} = \varphi_{\text{Fe}^{3+}/\text{Fe}^{2+}}^{\ominus} + 0.059\lg\frac{\gamma_{\text{Fe}^{3+}}\cdot c(\text{Fe}^{3+})}{\gamma_{\text{Fe}^{3+}}\cdot c(\text{Fe}^{2+})} \qquad (5\text{-}4\text{b})$$

另一方面,在 HCl 中除 Fe^{3+}、Fe^{2+}外,三价铁还有 Fe(OH)^{2+}、FeCl^{2+}、FeCl_4^-、FeCl_6^{3-}等存在形式,而二价铁也还有 Fe(OH)^+、FeCl^+、FeCl_3^-、FeCl_4^{2-}等存在形式。如果用 $c_{\text{Fe(Ⅲ)}}$、$c_{\text{Fe(Ⅱ)}}$分别表示溶液中 Fe^{3+}、Fe^{2+}的分析浓度,即总浓度,则

$$\alpha_{Fe^{3+}} = \frac{c_{Fe(III)}}{c(Fe^{3+})}, \quad \alpha_{Fe^{2+}} = \frac{c_{Fe(II)}}{c(Fe^{2+})}$$

式中　　$\alpha_{Fe^{3+}}$ 及 $\alpha_{Fe^{2+}}$——HCl 溶液中 Fe^{3+}、Fe^{2+} 的副反应系数，代入式（5-4b）得

$$\varphi_{Fe^{3+}/Fe^{2+}} = \varphi_{Fe^{3+}/Fe^{2+}}^{\ominus} + 0.059 \lg \frac{\gamma_{Fe^{3+}} \cdot \alpha_{Fe^{2+}} \cdot c_{Fe(III)}}{\gamma_{Fe^{2+}} \cdot \alpha_{Fe^{3+}} \cdot c_{Fe(II)}} \qquad （5\text{-}4c）$$

因为 $c_{Fe(III)}$ 和 $c_{Fe(II)}$ 是已知的，α 和 γ 在一定条件下为一固定值，可以并入常数项中，为此将式（5-4c）改写为

$$\varphi_{Fe^{3+}/Fe^{2+}} = \varphi_{Fe^{3+}/Fe^{2+}}^{\ominus} + 0.059 \lg \frac{\gamma_{Fe^{3+}} \cdot \alpha_{Fe^{2+}}}{\gamma_{Fe^{2+}} \cdot \alpha_{Fe^{3+}}} + 0.059 \lg \frac{c_{Fe(III)}}{c_{Fe(II)}}$$

令 $\varphi_{Fe^{3+}/Fe^{2+}}^{\ominus\prime} = \varphi_{Fe^{3+}/Fe^{2+}}^{\ominus} + 0.059 \lg \dfrac{\gamma_{Fe^{3+}} \cdot \alpha_{Fe^{2+}}}{\gamma_{Fe^{2+}} \cdot \alpha_{Fe^{3+}}}$

则式（5-4c）可写为

$$\varphi_{Fe^{3+}/Fe^{2+}} = \varphi_{Fe^{3+}/Fe^{2+}}^{\ominus\prime} + 0.059 \lg \frac{c_{Fe(III)}}{c_{Fe(II)}}$$

一般通式为　　$$\varphi_{Ox/Red} = \varphi_{Ox/Red}^{\ominus\prime} + \frac{0.059}{n} \lg \frac{c(Ox)}{c(Red)} \qquad （5\text{-}4d）$$

$$\varphi_{Ox/Red}^{\ominus\prime} = \varphi_{Ox/Red}^{\ominus} + \frac{0.059}{n} \lg \frac{\gamma_{Ox} \cdot \alpha_{Red}}{\gamma_{Red} \cdot \alpha_{Ox}} \qquad （5\text{-}5）$$

$\varphi_{Ox/Red}^{\ominus\prime}$ 称为条件电极电位，它表示在特定条件下氧化态和还原态的总浓度都为 $1\ mol \cdot L^{-1}$，或两者浓度比值为 1 时，校正了各种外界因素影响后的实际电极电位。条件电极电位反映了离子强度与各种副反应影响的总结果，在一定条件下为常数。

影响条件电极电位的因素主要有离子强度、副反应（如生成沉淀、配位化合物等）、H^+ 浓度等。条件电极电位的大小表示在某些外界因素影响下氧化还原电对的实际氧化还原能力。

在处理有关氧化还原反应的电位计算时，应尽量采用条件电极电位，当缺乏相同条件下的电极电位数据时，可采用条件相近的条件电极电位，这样所得的结果比较接近实际情况。

（二）氧化还原平衡常数

氧化还原反应的通式为

$$n_2 Ox_1 + n_1 Red_2 \xrightleftharpoons{\hspace{1cm}} n_2 Red_1 + n_1 Ox_2$$

$$K = \frac{a_{\text{Red}_1}^{n_2} \cdot a_{\text{Ox}_2}^{n_1}}{a_{\text{Ox}_1}^{n_2} \cdot a_{\text{Red}_2}^{n_1}} \qquad (5\text{-}6a)$$

若考虑溶液中各种副反应的影响，以相应的总浓度 c_{Ox}、c_{Red} 代替活度 a_{Ox}、a_{Red}，所得平衡常数为条件平衡常数 K'。

$$K' = \frac{c_{\text{Red}_1}^{n_2} \cdot c_{\text{Ox}_2}^{n_1}}{c_{\text{Ox}_1}^{n_2} \cdot c_{\text{Red}_2}^{n_1}} \qquad (5\text{-}6b)$$

有关电对的半反应及相应电极电位分别为

$$\text{Ox}_1 + n_1 e^- \rightleftharpoons \text{Red}_1$$

$$\varphi_1 = \varphi_1^{\ominus} + \frac{0.059}{n_1} \lg \frac{a_{\text{Ox}_1}}{a_{\text{Red}_1}}$$

$$\text{Ox}_2 + n_2 e^- \rightleftharpoons \text{Red}_2$$

$$\varphi_2 = \varphi_2^{\ominus} + \frac{0.059}{n_2} \lg \frac{a_{\text{Ox}_2}}{a_{\text{Red}_2}}$$

反应达到平衡时，两电对的电极电位相等，$\varphi_1 = \varphi_2$，则有

$$\varphi_1^{\ominus} + \frac{0.059}{n_1} \lg \frac{a_{\text{Ox}_1}}{a_{\text{Red}_1}} = \varphi_2^{\ominus} + \frac{0.059}{n_2} \lg \frac{a_{\text{Ox}_2}}{a_{\text{Red}_2}}$$

两边同乘以 n_1 与 n_2 的最小公倍数 n，整理后得

$$\lg K = \frac{(\varphi_1^{\ominus} - \varphi_2^{\ominus}) n_1 n_2}{0.059} \qquad (5\text{-}6c)$$

或

$$\lg K = \frac{(\varphi_1^{\ominus} - \varphi_2^{\ominus}) n}{0.059} \qquad (5\text{-}6d)$$

式中，K 为氧化还原反应的平行常数；$\varphi_1^{\ominus}$，$\varphi_2^{\ominus}$ 为两电对的标准电极电位；n_1，n_2 为氧化剂与还原剂半反应中的电子转移数；n 为 n_1 和 n_2 的最小公倍数。

若考虑溶液中各种副反应的影响，以相应的条件电极电位 $\varphi^{\ominus\prime}$ 代替 $\varphi^{\ominus}$，整理得：

$$\lg K' = \frac{(\varphi_1^{\ominus\prime} - \varphi_2^{\ominus\prime}) n_1 n_2}{0.059} \qquad (5\text{-}7a)$$

或

$$\lg K' = \frac{(\varphi_1^{\ominus\prime} - \varphi_2^{\ominus\prime}) n}{0.059} \qquad (5\text{-}7b)$$

式（5-6）和式（5-7）表明，氧化还原反应的平衡常数 K 和 K' 的值与两电对的标准电极电位差和条件电极电位差及电子的转移数有关，而式（5-7）能更好地

说明反应实际进行的程度。$\Delta\varphi^{\ominus}$ 或 $\Delta\varphi^{\ominus\prime}$ 越大，则 K 或 K' 越大，反应进行得越完全。因此也可通过比较两电对的 $\Delta\varphi^{\ominus}$ 或 $\Delta\varphi^{\ominus\prime}$ 来判断反应进行的程度。考虑到实际滴定条件以及滴定剂和被滴定水样中物质的性质，常用比较两个电对条件电极电位的差值 $\Delta\varphi^{\ominus\prime}$，由 $\lg K'$ 来判断氧化还原反应进行的完全程度。

（三）氧化还原反应进行程度

在化学计量点时，氧化还原反应进行的程度可用氧化态和还原态浓度的比值来表示,该比值可根据平衡常数求得。一般滴定分析中,要使反应完全程度达 99.9% 以上，要求在计量点时 $\dfrac{c(\mathrm{Red_1})}{c(\mathrm{Ox_1})}\geqslant 10^3$，$\dfrac{c(\mathrm{Ox_2})}{c(\mathrm{Red_2})}\geqslant 10^3$

当 $n_1\neq n_2$ 时，

$$\lg K' = \lg\left[\frac{c(\mathrm{Red_1})}{c(\mathrm{Ox_1})}\right]^{n_2}\left[\frac{c(\mathrm{Ox_2})}{c(\mathrm{Red_2})}\right]^{n_1}\geqslant\lg(10^{3n_2}\times 10^{3n_1})=3(n_1+n_2)$$

即 $\qquad\qquad\lg K'\geqslant 3(n_1+n_2)$ （5-8）

将式（5-8）代入式（5-7a），得

$$\frac{(\varphi_1^{\ominus\prime}-\varphi_2^{\ominus\prime})n_1 n_2}{0.059}\geqslant 3(n_1+n_2)$$

整理得

$$\varphi_1^{\ominus\prime}-\varphi_2^{\ominus\prime}\geqslant 3(n_1+n_2)\times\frac{0.059}{n_1 n_2}$$ （5-9）

当 $n_1=n_2=n$ 时，则

$$\lg K' = \lg\left[\frac{c(\mathrm{Red_1})}{c(\mathrm{Ox_1})}\right]^{n_2}\left[\frac{c(\mathrm{Ox_2})}{c(\mathrm{Red_2})}\right]^{n_1}\geqslant\lg(10^{3n_2}\times 10^{3n_1})=6n$$

即 $\qquad\qquad\lg K'\geqslant 6n$

$$\varphi_1^{\ominus\prime}-\varphi_2^{\ominus\prime}=\frac{0.059}{n}\times\lg K'\geqslant\frac{0.059}{n}\times 6$$ （5-10）

当 $n_1=n_2=1$ 时，$\lg K'\geqslant 6$ 或 0.35 V。实际应用中，对于电子转移数为 1 的氧化还原反应，只有当条件稳定常数 $K'\geqslant 10^6$ 或条件电极电位的差值 $\Delta\varphi^{\ominus\prime}\geqslant 0.40$ V 时，才能用于氧化还原滴定分析。

二、氧化还原反应的速率及其影响因素

根据两个电对的电位可以判断氧化还原反应进行的方向，但这只能表明反应

进行的可能性，并不能说明反应进行的速率。不同的氧化还原反应，其反应速率差别很大，有的反应较快，有的反应较慢。所以对于氧化还原反应，除了了解反应的可能性外，还应考虑反应的速率。对那些反应速率较慢的，要考虑如何加快反应速率。影响氧化还原反应速率的因素除了反应物的性质外，还有外部因素，如反应物浓度、温度、催化剂等。

（一）反应物浓度的影响

一般来说，增加反应物的浓度可以提高反应速率。例如：
$$KIO_3+5KI+6HCl \Longrightarrow 3I_2+2H_2O+6KCl$$
在一般情况下，此反应要等待数分钟才能反应完全。若增大 KIO_3、KI 或 HCl 的浓度，则可加速反应的进行。

（二）温度的影响

大多数反应，升高温度能加快反应速率。一般每升高 10 ℃ 可使反应速率提高 2～3 倍。例如在酸性高锰酸钾溶液中，高锰酸钾和草酸钠的反应为
$$2MnO_4^- +5C_2O_4^{2-} +16H^+ \Longrightarrow 2Mn^{2+}+10CO_2\uparrow+8H_2O$$
在室温下，反应速率缓慢。若将溶液加热，则反应速率大大加快。通常在此反应中将溶液加热至 75～85 ℃。

（三）催化剂的影响

催化剂也可加快某些氧化还原反应的速率。如用草酸钠标定高锰酸钾溶液时，即使在强酸性条件下，将溶液加热至 75～85 ℃，刚开始滴定时紫红色褪色还是很慢，随着高锰酸钾溶液的不断加入，褪色逐渐加快，这是因为反应生成的 Mn^{2+} 起了催化剂的作用。

三、氧化还原滴定原理

（一）氧化还原滴定曲线

在氧化还原滴定中，随着氧化还原反应的进行，被滴定物质的氧化态和还原

态的浓度逐渐改变，电对的电极电位也随之变化。此变化可用滴定曲线来描述。以滴定剂加入的体积（或滴定百分数）为横坐标，以电对的电极电位为纵坐标作图，所得曲线称为氧化还原滴定曲线。滴定曲线一般通过实验方法则得，但也可以根据能斯特方程式，从理论上进行计算。

以在 1 mol·L^{-1} H$_2$SO$_4$ 溶液中，用 0.1000 mol·L^{-1} Ce^{4+}标准溶液滴定 20.00 mL、0.1000 mol·L^{-1} 的 Fe^{2+}溶液为例，滴定反应方程式为

$$Ce^{4+} + Fe^{2+} \Longrightarrow Fe^{3+} + Ce^{3+}$$

两个可逆电对 Ce^{4+} 和 Fe^{3+} 的半反应及电极电位的表达式分别为：

$$\varphi_{Ce^{4+}/Ce^{3+}} = \varphi^{\ominus\prime}_{Ce^{4+}/Ce^{3+}} + 0.059 \lg \frac{c(Ce^{4+})}{c(Ce^{3+})}, \quad \varphi^{\ominus\prime}_{Ce^{4+}/Ce^{3+}} = 1.44 \text{ V}$$

$$\varphi_{Fe^{3+}/Fe^{2+}} = \varphi^{\ominus\prime}_{Fe^{3+}/Fe^{2+}} + 0.059 \lg \frac{c(Fe^{3+})}{c(Fe^{2+})}, \quad \varphi^{\ominus\prime}_{Fe^{3+}/Fe^{2+}} = 0.68 \text{ V}$$

可分四个阶段来计算体系的电位值：

（1）滴定之前，由于空气中 O$_2$ 的氧化作用，不可避免地溶液会有少量 Fe^{3+} 的存在，在溶液中组成 Fe^{3+}/Fe^{2+} 电对。但由于的 Fe^{3+} 量极少，浓度不定，所以此时的电极电位无法计算。

（2）滴定开始至化学计量点前，溶液中的 Fe^{2+} 过量，因此滴定过程中电极电位可根据 Fe^{3+}/Fe^{2+} 电对计算：

$$\varphi_{Fe^{3+}/Fe^{2+}} = \varphi^{\ominus\prime}_{Fe^{3+}/Fe^{2+}} + 0.059 \lg \frac{c_{Fe(\text{III})}}{c_{Fe(\text{II})}}$$

此时 Fe^{3+}/Fe^{2+} 值随溶液中 $c_{Fe(\text{III})}$ 和 $c_{Fe(\text{II})}$ 的变化而变化。例如，当加入 Ce(SO$_4$)$_2$ 标准溶液 19.98 mL 时，形成 Fe^{3+} 的物质的量是 19.98×0.1000=1.998(mmol)；剩余 Fe^{2+}的物质的量是(20.00-19.98)×0.1000=0.002 (mmol)，此时溶液电极电位为

$$\varphi_{Fe^{3+}/Fe^{2+}} = 0.68 + 0.059 \lg \frac{1.998}{0.002} = 0.86 \text{ (V)}$$

在化学计量点前各滴定点的电极电位可按上述方法计算。

（3）滴定至化学计量点时，加入的 Ce^{4+}和溶液中的 Fe^{2+}全部定量反应完毕，Ce^{4+}和 Fe^{2+}的浓度都很小，且不能直接求得，因此单独用 Fe^{3+}/Fe^{2+} 电对或 Ce^{4+}/Ce^{3+} 电对的能斯特方程都无法求得 φ 值。但在计量点时，滴入的 Ce^{4+}的物质的量等于被氧化的 Fe^{2+}的物质的量，生成的 Ce^{3+} 与生成的 Fe^{3+}的物质的量相等。即

$$\frac{c(Fe^{3+})_{sp} \cdot c(Ce^{4+})_{sp}}{c(Fe^{2+})_{sp} \cdot c(Ce^{3+})_{sp}} = 1$$

此时，两电对的电极电位相等且都等于化学计量点的电位，即

$$\varphi_{Fe^{3+}/Fe^{2+}} = \varphi_{Ce^{4+}/Ce^{3+}} = \varphi_{sp}$$

电极电位分别为

$$\varphi_{Ce^{4+}/Ce^{3+}} = \varphi_{Ce^{4+}/Ce^{3+}}^{\ominus\prime} + 0.059\lg\frac{c(Ce^{4+})}{c(Ce^{3+})} = 0.68 + 0.059\lg\frac{c(Ce^{4+})}{c(Ce^{3+})}$$

$$\varphi_{Fe^{3+}/Fe^{2+}} = \varphi_{Fe^{3+}/Fe^{2+}}^{\ominus\prime} + 0.059\lg\frac{c(Fe^{3+})}{c(Fe^{2+})} = 1.44 + 0.059\lg\frac{c(Fe^{3+})}{c(Fe^{2+})}$$

将上两式等号两边两两相加，即

$$2\varphi_{sp} = \varphi_{Ce^{4+}/Ce^{3+}}^{\ominus\prime} + \varphi_{Fe^{3+}/Fe^{2+}}^{\ominus\prime} + 0.059\lg\frac{c(Fe^{3+})_{sp}\cdot c(Ce^{4+})_{sp}}{c(Fe^{2+})_{sp}\cdot c(Fe^{3+})_{sp}} = \varphi_{Ce^{4+}/Ce^{3+}}^{\ominus\prime} + \varphi_{Fe^{3+}/Fe^{2+}}^{\ominus\prime}$$

所以

$$\varphi_{sp} = (\varphi_{Fe^{3+}/Fe^{2+}}^{\ominus\prime} + \varphi_{Fe^{3+}/Fe^{2+}}^{\ominus\prime})/2 = (0.68+1.44)/2 = 1.06\ (V)$$

（4）滴定至化学计量点后，溶液中的 Ce^{4+} 过量，因此滴定过程中电极电位可根据 Ce^{4+}/Ce^{3+} 电对计算：

$$\varphi_{Ce^{4+}/Ce^{3+}} = \varphi_{Ce^{4+}/Ce^{3+}}^{\ominus\prime} + 0.059\lg\frac{c_{Ce(IV)}}{c_{Ce(III)}}$$

例如，当加入 $Ce(SO_4)_2$ 标准溶液 20.02 mL 时，溶液电极电位为

$$\varphi_{Ce^{4+}/Ce^{3+}} = 1.44 + 0.059\lg\frac{0.002}{2.00} = 1.26\ (V)$$

以电对的电极电位为纵坐标，以滴定剂 Ce^{4+} 滴定的百分数为横坐标，绘制滴定反应的氧化还原滴定曲线，如图 5-1 所示。

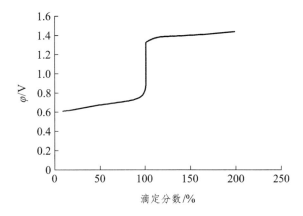

图 5-1　$0.1000\ mol\cdot L^{-1}\ Ce^{4+}$滴定 $0.1000\ mol\cdot L^{-1}\ Fe^{2+}$的滴定曲线

从图 5-1 可见，在化学计量点前后，加入的 Ce^{4+} 溶液的体积从 19.98 mL 到 20.02 mL，溶液的电极电位从 0.86 V 突变到 1.26 V，通常称为该氧化还原滴定曲线的突跃范围。化学计量点正好位于滴定突跃（0.86 ~ 1.26 V）的正中，滴定曲线在化学计量点前后基本对称。

（二）计量点时的电极电位 φ_{sp}

氧化还原反应通式

$$n_2 Ox_1 + n_1 Red_2 \rightleftharpoons n_2 Red_1 + n_1 Ox_2$$

设参与反应的两电对均为可逆电对，计量点时

$$\varphi_{sp} = \varphi_1^{\ominus\prime} + \frac{0.059}{n_1} \lg \frac{c(Ox_1)_{sp}}{c(Red_1)_{sp}} \tag{5-11}$$

$$\varphi_{sp} = \varphi_2^{\ominus\prime} + \frac{0.059}{n_2} \lg \frac{c(Ox_2)_{sp}}{c(Red_2)_{sp}} \tag{5-12}$$

式（5-11）$\times n_1 +$ 式（5-12）$\times n_2$ 得

$$(n_1 + n_2)\varphi_{sp} = (n_1\varphi_1^{\ominus\prime} + n_2\varphi_2^{\ominus\prime}) + 0.059 \lg \frac{c(Ox_1)_{sp} \cdot c(Ox_2)_{sp}}{c(Red_1)_{sp} \cdot c(Red_2)_{sp}} \tag{5-13}$$

对于可逆、对称的反应，在计量点时必有

$$\frac{c(Ox_1)_{sp}}{c(Red_2)_{sp}} = \frac{n_2}{n_1}, \frac{c(Red_1)_{sp}}{c(Ox_2)_{sp}} = \frac{n_2}{n_1}$$

则

$$\frac{c(Ox_1)_{sp} \cdot c(Ox_2)_{sp}}{c(Red_1)_{sp} \cdot c(Red_2)_{sp}} = 1$$

代入式（5-13）中，整理后得计算 φ_{sp} 的通式：

$$\varphi_{sp} = \frac{n_1\varphi_1^{\ominus\prime} + n_2\varphi_2^{\ominus\prime}}{n_1 + n_2} \tag{5-14a}$$

当 $n_1 = n_2$ 时，有

$$\varphi_{sp} = \frac{\varphi_1^{\ominus\prime} + \varphi_2^{\ominus\prime}}{2} \tag{5-14b}$$

计量点电极电位的计算公式（5-14）只适用于可逆氧化还原体系，且参加滴定反应的两个电对都是对称电对的情况。可以看出，只有当 $n_1 = n_2$ 时，滴定终点才与计量点一致，且计量点 φ_{sp} 处于突跃范围的正中。若 $n_1 \neq n_2$，则 φ_{sp} 不处在突跃范围中点，而是偏向转移电子较多的电对一方，如用 $KMnO_4$ 滴定 Fe^{2+} 就属于这种情况。

由能斯特方程可以导出氧化还原滴定的突跃范围，考虑滴定分析的误差要求小于±0.1%，则突跃范围为

$$\varphi_2^{\ominus'} + \frac{0.059}{n_2}\lg 10^3 \sim \varphi_1^{\ominus'} + \frac{0.059}{n_1}\lg 10^3 \qquad （5\text{-}15）$$

由式（5-15）可见，突跃范围取决于两电对的电子转移数和电极电位，而与浓度无关。与反应的两电对的电极电位（或条件电极电位）差有关，差值越大，突跃范围也越大。

对于有不对称电对参与的氧化还原滴定，其 φ_{sp} 不仅与条件电极电位、电子转移数有关，还与反应前后有不对称系数的电对物质的浓度有关，计量点电位计算公式及其推导请参阅有关书籍。

另外应该注意，在用电位法测得滴定曲线后，通常以滴定曲线中突跃部分的中点作为滴定终点，而指示剂确定滴定终点时，是以指示剂的变色电位为终点，可能与化学计量点电位不一致。

（三）氧化还原指示剂

根据指示剂的性质。氧化还原滴定中常用的指示剂可以分为自身指示剂、专属指示剂和氧化还原指示剂。

1. 自身指示剂

在氧化还原滴定中，有些标准溶液或被滴定物质本身有颜色，反应生成物为无色或颜色很浅，反应物颜色的变化可用来指示滴定终点的到达，这类物质称为自身指示剂。在高锰酸钾法中，MnO_4^- 本身显紫红色，在滴定反应中 MnO_4^- 转化为无色的 Mn^{2+}。当用它滴定无色或浅色的还原性物质，在滴定达到化学计量点前，溶液为无色。到达化学计量点时，稍微过量的 MnO_4^- 就可使溶液呈粉红色，指示终点到达。

2. 专属指示剂

专属指示剂本身并没有氧化还原性质，但能与滴定剂或被滴定物发生显色反应指示滴定终点的试剂。例如，碘量法中常用的淀粉指示剂，本身无色，也不发生氧化还原反应，但可溶性淀粉与碘溶液反应可生成深蓝色的配合物，当 I_2 被还原为 I^- 时，深蓝色消失。因此碘量法中常用淀粉作指示剂。

3. 氧化还原指示剂

氧化还原指示剂是本身具有氧化还原性质的有机化合物，在氧化还原滴定中，

也会发生氧化还原反应。它们的氧化态和还原态颜色不同，利用指示剂存在形态改变时的颜色突变，来指示滴定终点。例如，用 $K_2Cr_2O_7$ 溶液滴定 Fe^{2+}，常用二苯胺磺酸钠作指示剂。二苯胺磺酸钠的氧化态为紫红色，还原态为无色，在到达化学计量点时，稍过量的 $K_2Cr_2O_7$ 就能将二苯胺磺酸钠由还原态转化为氧化态，使溶液由绿色转变为紫红色，从而指示终点。

四、常见的氧化还原滴定法

在实际应用中，常常根据所使用滴定剂种类的不同将氧化还原滴定法进行分类。水质分析中，经常采用的有高锰酸钾法、重铬酸钾法、碘量法。

（一）高锰酸钾法

1. 高锰酸钾法概述

高锰酸钾（$KMnO_4$），暗紫色棱柱状晶体，是一种强氧化剂。高锰酸钾法的优点是氧化能力强，可以测定多种有机和无机物质；由于 MnO_4^- 本身显紫红色，所以在滴定浅色或无色溶液时，可以在滴定过程中做自身指示剂。其主要缺点是试剂中常含少量的杂质，选择性较差，干扰较多。$KMnO_4$ 标准溶液不稳定，比如 $KMnO_4$ 易与水中有机物或空气中尘埃、氨等还原性物质作用，还可自行分解，见光时分解更快。

$$4kMnO_4 + 2H_2O \rightleftharpoons 4MnO_2\downarrow + 3O_2\uparrow + 4KOH$$

因此，在应用高锰酸钾法时，一定要注意将 $KMnO_4$ 标准溶液避光保存，每次使用之前一定要标定。

高锰酸钾的氧化性与溶液的酸度有关。在酸性溶液中，$KMnO_4$ 与还原剂作用，MnO_4^- 被还原为 Mn^{2+}。电对反应及电极电位如下。

$$MnO_4^- + 8H^+ + 5e^- \rightleftharpoons Mn^{2+} + 4H_2O \qquad \varphi_{MnO_4^-/Mn^{2+}}^{\ominus'} = 1.51\,V$$

在弱酸性、中性或弱碱性溶液中，MnO_4^- 被还原为 MnO_2。电对反应及电极电位如下。

$$MnO_4^- + 2H_2O + 3e^- \rightleftharpoons MnO_2 + 4OH^- \qquad \varphi_{MnO_4^-/MnO_2}^{\ominus'} = 0.59\,V$$

在大于 $2\,mol\cdot L^{-1}$ 的碱性溶液中，$KMnO_4$ 可与许多有机物发生反应。则被还原为绿色的锰酸盐（MnO_4^{2-}）。电对反应及电极电位如下。

$$MnO_4^- + e^- \rightleftharpoons MnO_4^{2-} \qquad \varphi_{MnO_4^-/MnO_4^{2-}}^{\ominus'} = 0.56\,V$$

由此可见，在应用高锰酸钾法时，应根据被测物质的性质采用不同的酸度。该方法主要用于测定水中的高锰酸盐指数，它是水质污染的重要指标之一。

2. $KMnO_4$ 标准溶液的配制与标定

（1）$KMnO_4$ 标准溶液的配制

市售 $KMnO_4$ 试剂纯度为 99.0% ~ 99.5%，常含有含有微量的 MnO_2 和其他杂质，而且蒸馏水中也常含有微量的还原性物质，它们可与 $KMnO_4$ 发生缓慢的反应生成 MnO_2 沉淀。另外、热、光、酸、碱等外界条件的改变均会促进 $KMnO_4$ 的分解。因而 $KMnO_4$ 标准溶液只能间接配制。

① 称取稍多于理论量的 $KMnO_4$，溶解于一定体积的蒸馏水中。

② 溶液加热至沸腾约 1 h，放置 2 ~ 3 d，使溶液中存在的还原性物质完全被氧化。

③ 将溶液中的沉淀过滤除去。

④ 将过滤后的 $KMnO_4$ 溶液储于棕色瓶中，放在暗处，使用前再标定。

（2）$KMnO_4$ 标准溶液的标定

标定 $KMnO_4$ 溶液的基准物质较多，如 $Na_2C_2O_4$，As_2O_3、$H_2C_2O_4 \cdot 2H_2O$ 和纯铁丝等，其中以 $Na_2C_2O_4$ 较为常用，因为它易于提纯，性质稳定，不含结晶水。$Na_2C_2O_4$ 在 105 ~ 110 °C 烘干约 2 h 后，冷却至室温就可以使用了。在 H_2SO_4 溶液中，用 $KMnO_4$ 溶液滴定 $Na_2C_2O_4$ 标准溶液，MnO_4^- 与 $C_2O_4^{2-}$ 的反应如下：

$$2MnO_4^- + 5C_2O_4^{2-} + 16H^+ \Longrightarrow 2Mn^{2+} + 10CO_2\uparrow + 8H_2O$$

为了使此反应能定量地迅速进行，应严格控制滴定条件。

① 室温下 MnO_4^- 与 $C_2O_4^{2-}$ 反应缓慢，因此常将溶液加热至 70 ~ 85 °C 进行滴定。若溶液的温度低于 70 °C，反应速度较慢；若温度若高于 90 °C，会使部分 $H_2C_2O_4$ 发生分解，导致结果偏低。通常用水浴加热控制反应温度。

② 使滴定反应定量进行，须控制溶液酸度为 0.5 ~ 1 mol · L^{-1}。酸度过低，会有部分 MnO_4^- 被还原为 MnO_2，并有 $MnO_2 \cdot H_2O$ 沉淀生成；酸度过高，会促进 $H_2C_2O_4$ 的分解。

③ Mn^{2+} 在滴定反应过程中起催化作用，因此滴定前，在溶液中加入几滴 $MnSO_4$，那么滴定一开始，反应速度就比较快。

④ MnO_4^- 本身具有颜色，溶液中有稍微过量的 MnO_4^- 即可显示出粉红色，所以一般不必另加指示剂。

⑤ 滴定速度先慢后快。开始滴定时速度不宜太快，否则加入的 $KMnO_4$ 溶液来不及与 $C_2O_4^{2-}$ 反应，而在热的酸性溶液中发生分解，影响标定的准确度。

$$MnO_4^- + 12H^+ \Longrightarrow 4Mn^{2+} + 5O_2\uparrow + 6H_2O$$

随着滴定的进行，产物越来越多，由于 Mn^{2+} 的催化作用，使反应速度逐渐加快，故滴定速度可加快。

⑥ 滴定终点不太稳定。这是因为空气中的还原性气体和灰尘都能与 MnO_4^- 缓慢作用使 MnO_4^- 还原，故溶液中出现的粉红色逐渐消失。所以，一般出现的粉红色在 $0.5 \sim 1$ min 不褪，就可认为已经到达滴定终点。

（二）重铬酸钾法

1. 重铬酸钾法概述

重铬酸钾（$K_2Cr_2O_7$）是橙红色晶体，溶于水，很稳定。在酸性条件下与还原剂作用，$Cr_2O_7^{2-}$ 得到 6 个电子而被还原为 Cr^{3+}：

$$Cr_2O_7^{2-} + 14H^+ + 6e^- \Longrightarrow 2Cr^{3+} + 7H_2O \qquad \varphi^{\ominus\prime} = 1.33 \text{ V}$$

由 $\varphi^{\ominus}$ 值可知，$K_2Cr_2O_7$ 的氧化能力比 $KMnO_4$ 稍弱些，但它仍然是一种较强的氧化剂。利用 $K_2Cr_2O_7$ 作为氧化剂的滴定法称为重铬酸钾法。

2. 重铬酸钾法的特点

重铬酸钾法只能在酸性条件下使用，和高锰酸钾法相比，它具有如下特点。
（1）固体 $K_2Cr_2O_7$ 稳定，易于提纯，可以直接配制 $K_2Cr_2O_7$ 标准溶液。
（2）$K_2Cr_2O_7$ 标准溶液相当稳定，只要保存在密闭容器中，浓度可长期保持不变。
（3）$K_2Cr_2O_7$ 在有 Ag_2SO_4 作为催化剂、加热回流等条件下，能将水中绝大部分有机物和无机物氧化，适合于生活污水和工业废水的分析。
（4）需要使用指示剂。

3. 用重铬酸钾法测定水样化学需氧量的测定原理

化学需氧量（COD）是指在一定条件下，1L 水中能被 $K_2Cr_2O_7$ 氧化的有机物质的总量，以 mgO_2/L 表示。COD 反映了水体中受还原性物质污染的程度。水中还原性物质包括有机物、亚硝酸盐、亚铁盐和硫化物等。水被有机物污染是很普遍的，因此 COD 也是有机物相对含量的重要指标之一。

水样在强酸性条件下，用过量的 $K_2Cr_2O_7$ 标准溶液与水中有机物等还原性物质反应后，以试亚铁灵（邻二氮菲亚铁）为指示剂，用 $(NH_4)_2Fe(SO_4)_2$ 标准溶液返滴定剩余的 $K_2Cr_2O_7$，到计量点时，溶液由浅蓝色变为红色作为指示滴定终点。根据 $(NH_4)_2Fe(SO_4)_2$ 标准溶液的用量可求出 COD（$mgO_2 \cdot L^{-1}$）。用 C 表示水中有机物等还原性物质，反应式如下：

$$2Cr_2O_7^{2-} + 3C + 16H^+ \Longrightarrow 4Cr^{3+} + 3CO_2 + 7H_2O$$

$$6Fe^{2+} + Cr_2O_7^{2-} + 14H^+ \rightleftharpoons 6Fe^{3+} + 2Cr^{3+} + 7H_2O$$

到计量点时　　　　$Fe(C_{12}H_8N_2)_3^{3+} \longrightarrow Fe(C_{12}H_8N_2)_3^{2+}$

（浅蓝色）　　　　　（红色）

由于 $K_2Cr_2O_7$ 溶液呈橙黄色，产物呈绿色，所以用 $(NH_4)_2Fe(SO_4)_2$ 溶液返滴定过程中，溶液颜色的变化是逐渐由橙黄色→蓝绿色→蓝色，滴定终点时立即由蓝色变为红色。

（三）碘量法

碘量法是利用 I_2 的氧化性或 I^- 的还原性来进行滴定的方法，广泛用于水中溶解氧（DO）、生物化学需氧量（BOD_5）、臭氧、余氯、二氧化氯（ClO_2）以及水中有机物和无机物还原性物质的测定。

固体 I_2 在水中的溶解度很小（0.0013 mol·L^{-1}），但 I_2 易溶于 KI 溶液中，这时 I_2 在 KI 镕液中以 I_3^- 形式存在：

$$I_2 + 2I^- \rightleftharpoons I_3^-$$

为方便起见，一般简写成 I_2，其半反应式为

$$I_2 + 2e^- \rightleftharpoons 2I^- \qquad \varphi_{I_2/I^-}^{\ominus} = 0.536 \text{ V}$$

根据电对的电极电位可知，I^- 是中等强度的还原剂。

1. 碘量法的滴定方式

（1）直接碘量法

电极电位小于 $\varphi_{I_2/I^-}^{\ominus}$ 的还原性物质，可以直接用 I_2 标准溶液进行滴定，这种方法称为直接碘量法。例如，硫化物在酸性溶液中能被 I_2 氧化，其反应式为

$$S^{2-} + I_2 \rightleftharpoons S + 2I^-$$

利用直接碘量法可以测定 S^{2-}、As^{3+}、As_2O_3、$S_2O_3^{2-}$、Sn^{2+} 等还原物质。但是，直接碘量法不能在碱性溶液中进行，在强碱溶液中，部分 I_2 要发生歧化反应：

$$3I_2 + 6OH^- \rightleftharpoons IO_3^- + 5I^- + 3H_2O$$

（2）间接碘量法

它是利用 $Na_2S_2O_3$ 标准溶液间接滴定 I^- 被氧化并定量析出的 I_2，求出氧化性物质含量的方法。这些氧化性物质有 Cl_2、ClO^-、ClO_2、ClO_3^-、O_3、H_2O_2、Fe^{3+}、Cu^{2+}、$Cr_2O_7^{2-}$、NO_2^- 等。也可用 $Na_2S_2O_3$ 标准溶液间接滴定过量 I_2 的标准溶液与有机物

反应完全后剩余的 I_2，求出有机化合物等还原性物质的含量。

2. 碘量法的反应条件

（1）溶液的酸度

I_2 与 $S_2O_3^{2-}$ 之间的反应必须在中性或弱酸性溶液中进行。如果在碱性溶液中，I_2 与 $S_2O_3^{2-}$ 会发生如下副反应：

$$S_2O_3^{2-} + 4I_2 + 10OH^- \rightleftharpoons 2SO_4^{2-} + 8I^- + 5H_2O$$

在碱性溶液中 I_2 还会发生歧化反应。若在强酸性溶液中，$Na_2S_2O_3$ 溶液会发生分解，其反应为

$$S_2O_3^{2-} + 2H^+ \rightleftharpoons S\downarrow + SO_2\uparrow + H_2O$$

（2）防止 I_2 的挥发和 I^- 的氧化

I_2 易挥发，但是 I_2 在 KI 溶液中与 I^- 形成 I_3^-，可减少 I_2 的挥发。室温下，溶液中含有 4% 的 KI，则可忽略 I_2 的挥发。含 I_2 的溶液应在碘量瓶或带塞的玻璃容器中保存（暗处）。

在酸性溶液中 I^- 缓慢地被空气中的 O_2 氧化成 I_2。

$$4I^- + O_2 + 4H^+ \xrightarrow{\hspace{1cm}} 2I_2 + 2H_2O$$

在中性溶液中，上述反应极慢，反应速度随 H^+ 浓度的增加而加快，而且日光照射、微量的 NO_2^-、Cu^{2+} 等都能催化此氧化反应。因此，为避免空气中的 O_2 对 I^- 的氧化产生滴定误差，要求对析出后的 I_2 立即滴定，且滴定速度也应适当加快，切勿放置过久。

（3）指示剂的使用

一般在接近滴定终点前才加入淀粉指示剂。若加得太早，则大量的 I_2 与淀粉结合成蓝色物质，这部分碘就不容易与 $Na_2S_2O_3$ 反应，易引起滴定误差。

3. $Na_2S_2O_3$ 标准溶液

硫代硫酸钠（$Na_2S_2O_3$）一般都含有少量的 S、Na_2SO_3、Na_2SO_4，Na_2CO_3、NaCl 等杂质，且易风化、潮解。因此只能先配制成近似浓度的溶液，然后进行标定。

配制：采用间接配制法。称取需要量的 $Na_2S_2O_3 \cdot 5H_2O$，溶于新煮沸且冷却的蒸馏水中，加入少量 Na_2CO_3 和数粒碘化汞使溶液保持微碱性，可抑制微生物生长，防止 $Na_2S_2O_3$ 分解。配制的 $Na_2S_2O_3$ 溶液应贮于棕色瓶中，放置暗处，1～2 周后再进行标定。

标定：采用间接碘量法。标定 $Na_2S_2O_3$ 标准溶液时，常用的基准物质有 $K_2Cr_2O_7$，KIO_3、$KBrO_3$ 等，它们在弱酸性溶液中，与过量的 KI 反应而析出等化学计量的 I_2。

$$Cr_2O_7^{2-} + 6I^- + 14H^+ \Longrightarrow 3I_2 + Cr^{3+} + 7H_2O$$

$$IO_3^- + 5I^- + 6H^+ \Longrightarrow 3I_2 + 3H_2O$$

$$BrO_3^- + 6I^- + 6H^+ \Longrightarrow 3I_2 + Br^- + 3H_2O$$

以淀粉为指示剂，用 $Na_2S_2O_3$ 标准溶液（近似浓度）滴定至蓝色消失。

$$2S_2O_3^{2-} + I_2 \Longrightarrow 2I^- + S_4O_6^{2-}$$

任务五　水中高锰酸盐指数的测定

❖ 任务描述 ❖

高锰酸盐指数，是指在一定条件下，以高锰酸钾为氧化剂，处理水样时所消耗的量，以氧的 $mg \cdot L^{-1}$ 来表示。水中的亚硝酸盐、亚铁盐、硫化物等还原性无机物和在此条件下可被氧化的有机物，均可消耗高锰酸钾。因此，高锰酸盐指数常被作为水体受还原性有机（和无机）物质污染程度的综合指标。

水样加入硫酸使呈酸性后，加入一定量的高锰酸钾溶液，并在沸水浴中加热反应一定时间。剩余高锰酸钾用草酸钠溶液还原并加入过量，再用高锰酸钾溶液回滴过量的草酸钠，通过计算求出高锰酸盐指数值。

显然高锰酸盐指数是一个相对的条件性指标，其测定结果与溶液的酸度、高锰酸盐浓度、加热温度和时间有关。因此，测定时必须严格遵守操作规定，使结果具可比性。

❖ 实施方法及步骤 ❖

1. 试　剂

（1）高锰酸钾溶液 [$c(\frac{1}{5}KMnO_4) = 0.1\ mol \cdot L^{-1}$]：称取 3.2 g 高锰酸钾溶于 1.2 L 水中，加热煮沸，使体积减少到约为 1 L，放置过夜，用 G-3 玻璃砂芯漏斗过滤后，滤液贮于棕色瓶中保存。

（2）高锰酸钾溶液 [$c(\frac{1}{5}KMnO_4) = 0.01\ mol \cdot L^{-1}$]：吸取 100 mL 上述高锰酸钾溶液，用水稀释至 1000 mL，贮于棕色瓶中。使用当天应进行标定，并调节至

$0.01\ mol \cdot L^{-1}$ 准确浓度。

（3）1+3 硫酸。

（4）草酸钠标准溶液 $[c(\frac{1}{2}Na_2C_2O_4)=0.100\ mol \cdot L^{-1}]$：准确称取 0.6705 g 在 105～110 ℃ 烘干 1 h 并冷却的草酸钠于小烧杯内，加水溶解并恢复至室温后，移入 100 mL 容量瓶中，洗涤烧杯 3～4 次，并将洗涤液转移入容量瓶内，然后用水稀释至标线，摇匀。

（5）草酸钠标准溶液 $[c(\frac{1}{2}Na_2C_2O_4)=0.0100\ mol \cdot L^{-1}]$：吸取 10.00 mL 上述草酸钠溶液，移入 100 mL 容量瓶中，用水稀释至标线，摇匀。

2. 仪 器

（1）沸水浴装置。

（2）250 mL 锥形瓶。

（3）50 mL 棕色酸式滴定管。

3. 操作步骤

（1）取 100 mL 混匀水样（如高锰酸钾指数高于 5 mg·L⁻¹，则酌情少取，并用水稀释至 100 mL）于 250 mL 锥形瓶中。

（2）加入 5 mL(1+3)硫酸，摇匀。

（3）加入 10.00 mL 0.01 mol·L⁻¹ 高锰酸钾溶液，摇匀，立刻放入沸水浴中加热 30 min（从水浴重新沸腾起计时）。沸水浴液面要高于反应溶液的液面。

（4）取下锥形瓶，趁热加入 10.00 mL 0.0100 mol·L⁻¹ 草酸钠标准溶液，摇匀。立即用 0.01 mol·L⁻¹ 高锰酸钾溶液滴定至显微红色，记录高锰酸钾溶液消耗量。

（5）高锰酸钾溶液浓度的标定：将上述已滴定完毕的溶液加热至约 70 ℃，准确加入 10.00 mL 草酸钠标准溶液（0.0100 mol·L⁻¹），再用 0.01 mol·L⁻¹ 高锰酸钾溶液滴定至显微红色。记录高锰酸钾溶液消耗量，按下式求得高锰酸钾溶液的校正系数（K）：

$$K = \frac{10.00}{V}$$

式中 V——高锰酸钾溶液消耗量，mL。

若水样经稀释时，应同时另取 100 mL 水，同水样操作步骤进行空白试验。

4. 数据记录及结果计算

（1）实验数据记录（表 5-1）

表 5-1 水中 $KMnO_4$ 指数测定实验记录

实验编号	1	2	3
滴定管终读数/mL			
滴定管始读数/mL			
$KMnO_4$ 用量/mL			
高锰酸盐指数(O_2)/mg·L^{-1}			

（2）结果计算

① 水样不经稀释

$$高锰酸盐指数(O_2, mg \cdot L^{-1}) = \frac{[(10+V_1)K-10] \times M \times 1000 \times 8}{100}$$

式中　V_1——滴定水样时，草酸钠溶液的消耗量，mL；

K——校正系数；

M——高锰酸钾溶液浓度，mol·L^{-1}；

8——氧（1/2 O）摩尔质量。

② 水样经稀释

$$高锰酸盐指数(O_2, mg \cdot L^{-1}) = \frac{\{[(10+V_1)K-10]-[(10+V_0)K-10] \times c\} \times M \times 8 \times 1000}{V_2}$$

式中　V_0——空白试验中高锰酸钾溶液消耗量，mL；

V_2——分取水样，mL；

c——稀释水样中含水的比值，例如 10.0 mL 水样用 90 mL 水稀释至 100 mL，则 $c=0.90$。

5. 注意事项

（1）在水浴中加热完毕后，溶液仍保持淡红色。如变浅或全部褪去，说明高锰酸钾的用量不够，此时应将水样稀释倍数加大后再测定。

（2）在酸性条件下，草酸钠和高锰酸钾的反应温度应保持在 60～80 ℃，所以滴定操作必须趁热进行，若溶液温度过低，需适当加热。

任务六　水中化学需氧量的测定

❖ 任务描述 ❖

在强酸性溶液中，一定量的重铬酸钾在加热条件下将水样中的还原性物质氧化，过量的重铬酸钾以试亚铁灵作为指示剂，用硫酸亚铁铵标准溶液回滴。根据用量可计算出水样中还原性物质消耗氧的量。

❖ 实施方法及步骤 ❖

1. 试 剂

（1）重铬酸钾标准溶液

① 浓度为 $c(1/6\ K_2Cr_2O_7)=0.250\ mol\cdot L^{-1}$ 的重铬酸钾标准溶液：称取预先在 105 ℃ 烘干 2 h 的基准重铬酸钾 12.258 g 于烧杯中，加水溶解，恢复至室温后转移入 1000 mL 容量瓶中，洗涤烧杯 3～4 次，洗涤液转入容量瓶中，稀释至刻度，摇匀。

② 浓度为 $c(1/6\ K_2Cr_2O_7)=0.0250\ mol\cdot L^{-1}$ 的重铬酸钾标准溶液：将 $0.250\ mol\cdot L^{-1}$ 的重铬酸钾标准溶液稀释 10 倍而成。

（2）试亚铁灵指示剂：称取 1.485 g 邻菲罗啉（$C_{12}H_8N_2\cdot H_2O$，1,10-phenanthroline），0.695 g 硫酸亚铁（$FeSO_4\cdot 7H_2O$）溶于水中，稀释至 100 mL，混匀贮于棕色瓶内。

（3）硫酸亚铁铵标准滴定溶液

① 浓度为 $c[(NH_4)_2Fe(SO_4)_2\cdot 6H_2O]\approx0.10\ mol\cdot L^{-1}$ 的硫酸亚铁铵标准滴定溶液：称取 39 g 硫酸亚铁铵于烧杯内，加水溶解，然后再边搅拌边缓慢加入 20 mL 浓硫酸，冷却后移入 1000 mL 容量瓶中，加水至标线，摇匀。使用前以重铬酸钾标准溶液标定。

标定方法：准确吸取 10.00 mL（$0.250\ mol\cdot L^{-1}$）重铬酸钾标准溶液于 500 mL 锥形瓶中，加水稀释至 110 mL 左右，缓慢加入 30 mL 浓硫酸，混匀。冷却后，加入 3 滴试亚铁灵指示剂（约 0.15 mL），用硫酸亚铁铵滴定至溶液由黄色经蓝绿色到刚变为红褐色即为终点。平行测 2～3 次，记录硫酸亚铁铵溶液的用量。则其准确浓度为

$$c\left[(NH_4)_2Fe(SO_4)_2\cdot 6H_2O\right]=\frac{10.00\times0.250}{V}=\frac{2.50}{V}$$

式中　c——硫酸亚铁铵标准液浓度，$mol\cdot L^{-1}$；

　　　V——硫酸亚铁铵滴定用量，mL。

② 浓度为 $c[(NH_4)_2Fe(SO_4)_2\cdot 6H_2O]\approx0.010\ mol\cdot L^{-1}$ 的硫酸亚铁铵标准滴定溶液：将浓度为 $0.10\ mol\cdot L^{-1}$ 的硫酸亚铁铵溶液稀释 10 倍，用重铬酸钾标准溶液（$0.0250\ mol\cdot L^{-1}$）标定，其滴定步骤及浓度计算与上述①相同。

（4）邻苯二甲酸氢钾标准溶液，$c(KC_6H_5O_4)=2.0824\ mmol\cdot L^{-1}$：称取 105 ℃ 时干燥 2 h 并冷却的邻苯二甲酸氢钾（$HOOCC_6H_4COOK$）0.4251 g 于烧杯中，加

水溶解，恢复至室温后转入 1000 mL 容量瓶内，洗涤烧杯 3～4 次，洗涤液转入容量瓶内，定容，混匀。以重铬酸钾为氧化剂，将邻苯二甲酸氢钾完全氧化的 COD 值为 1.176 g 氧/克（即 1 g 邻苯二甲酸氢钾耗氧 1.176），故该标准溶液的理论 COD 值为 500 mg·L^{-1}。

（5）浓硫酸。

（6）硫酸-硫酸银溶液：向 2500 mL 浓硫酸中加入 25 g 硫酸银（或 500 mL 浓硫酸中加 5 g 硫酸银），放置 1～2 d 后，不时摇动使其溶解。

（7）硫酸汞：化学纯，结晶或粉末。

（8）防爆沸玻璃珠。

2. 仪　器

（1）回流装置：带有 24 号标准磨口的 250 mL 锥形瓶的全玻璃回流装置。回流冷凝管长度为 300～500 mm。若取样量在 30 mL 以上，可采用带 500 mL 锥形瓶的全玻璃回流装置。

（2）加热装置。

（3）25 mL 或 50 mL 酸式滴定管。

3. 采样和样品

（1）采样

水样要采集于玻璃瓶中，应尽快分析。如不能立即分析时，应加入硫酸至 pH<2，置于 4 ℃下保存。但保存时间不多于 5 d。采集水样的体积不得少于 100 mL。

（2）试料的准备

将试样充分摇匀，取出 20.0 mL 作为样品。

4. 操作步骤

（1）取 20.00 mL 混合均匀的水样，于 250 mL 磨口的回流锥形瓶中，准确加入 10.00 mL 重铬酸钾标准溶液及数粒小玻璃珠或沸石，连接磨口回流冷凝管，从冷凝管上口慢慢加入 30 mL 硫酸-硫酸银溶液，轻轻摇动锥形瓶使其混合均匀。

（2）连接磨口全玻璃回流装置，加热回流 2 h（自开始沸腾时计时）。

（3）冷却后，用 90 mL 水冲洗冷凝管壁，取下锥形瓶。溶液总体积不得少于 140 mL，否则因酸度太大，滴定终点不明显。

（4）溶液再度冷却后，加 3 滴试亚铁灵指示液，用硫酸亚铁铵滴定，溶液的颜色由黄色经蓝绿至红褐色即为终点，记录用量 V_1，平行测定 2～3 次。

（5）测定水样的同时，以 20.00 mL 重蒸馏水，按同样步骤作空白试验。记录硫酸亚铁铵溶液的用量 V_0。

（6）对于 COD 值小于 50 mg·L^{-1} 的水样，应采用低浓度的重铬酸钾标准溶液（c=0.0250 mol·L^{-1}）氧化，加热回流以后，采用低浓度的硫酸亚铁铵标准溶液（c=0.010 mol·L^{-1}）回滴。

（7）该方法对未经稀释的水样其测定上限为 700 mg·L^{-1}，超过此限时必须经稀释后测定。

（8）在特殊情况下，需要测定的试料为 10.0～50.0 mL，试剂的体积或重量要按表 5-2 作相应的调整。

表 5-2　不同取样量采用的试剂用量

样品量 /mL	$K_2Cr_2O_7$/mL 0.0250/mol·L^{-1}	Ag_2SO_4-H_2SO_4 用量/mL	$HgSO_4$ 用量/g	$(NH_4)_2Fe(SO_4)_2$ 浓度/mol·L^{-1}	滴定前体积 /mL
10.0	5.0	15	0.2	0.05	70
20.0	10.0	30	0.4	0.10	140
30.0	15.0	45	0.6	0.15	210
40.0	20.0	60	0.8	0.20	200
50.0	25.0	75	1.0	0.25	350

5. 数据记录及结果计算

（1）$(NH_4)_2Fe(SO_4)_2$ 溶液浓度标定记录（表 5-3）

表 5-3　$(NH_4)_2Fe(SO_4)_2$ 溶液浓度标定实验记录

实验编号	1	2	3
滴定管终读数/mL			
滴定管始读数/mL			
$V[(NH_4)_2Fe(SO_4)_2]$/mL			
$c[(NH_4)_2Fe(SO_4)_2]$/mol·L^{-1}			

（2）水样测定记录（表 5-4）

表 5-4　水样测定记录

实验编号	1	2	3
滴定管终读数/mL			
滴定管始读数/mL			
$V[(NH_4)_2Fe(SO_4)_2]$/mL			
COD/(O_2, mg·L^{-1})			

COD 按下式计算：

$$COD(O_2, mg \cdot L^{-1}) = \frac{(V_0 - V_1) \times c \times 8 \times 1000}{V_{水}}$$

式中　c——硫酸亚铁铵溶液的浓度，$mol \cdot L^{-1}$；

　　　V_1——滴定水样时硫酸亚铁铵溶液的用量，mL；

　　　V_0——滴定空白时硫酸亚铁铵溶液的用量，mL；

　　　$V_{水}$——水样的体积，mL；

　　　8——氧（1/2 O）的摩尔质量，$g \cdot mol^{-1}$

任务七　水中溶解氧的测定

❖ 任务描述 ❖

在样品中溶解氧与刚刚沉淀的二价氢氧化锰（将氢氧化钠或氢氧化钾加入二价硫酸锰中制得）反应。酸化后，生成的高价锰化合物将碘化物氧化，游离出等当量的碘，用硫代硫酸钠滴定法测定游离碘量。

❖ 实施方法及步骤 ❖

1. 试　剂

分析中仅使用分析纯试剂和蒸馏水或纯度与之相当的水。

（1）硫酸溶液：小心地把 500 mL 浓硫酸（ρ=1.84 $g \cdot mL^{-1}$）在不停搅动下加入 500 mL 水中。

注：若怀疑有三价铁的存在，则采用磷酸（H_3PO_4，ρ=1.708 $g \cdot mL^{-1}$）。

（2）硫酸溶液：$c(1/2H_2SO_4)$=2 $mol \cdot L^{-1}$。

（3）碱性碘化物-叠氮化物试剂。

将 35 g 氢氧化钠（NaOH）[或 50 g 氢氧化钾（KOH）]和 30 g 碘化钾（KI）[或 27 g 碘化钠（NaI）]溶解在大约 50 mL 水中。

单独将 1 g 的叠氮化钠（NaN_3）溶于几毫升水中。

将上述两种溶液混合并稀释至 100 mL。然后贮存在塞紧的细口棕色瓶子里。经稀释和酸化后，在有淀粉指示剂存在下，本试剂应无色。

注：当试样中亚硝酸氮含量大于 0.05 $mg \cdot L^{-1}$ 而亚铁含量不超过 1 $mg \cdot L^{-1}$

时，为防止亚硝酸氮对测定结果的干涉，需在试样中加叠氮化物，叠氮化钠是剧毒试剂，操作过程中严防中毒。不要使碱性碘化物-叠氮化物试剂酸化，因为可能产生有毒的叠氮酸雾。若已知试样中的亚硝酸盐低于 0.05 mg·L^{-1}，则可省去此试剂。

（4）无水二价硫酸锰溶液：340 g·L^{-1}（或一水硫酸锰 380 g·L^{-1} 溶液）。也可用 450 g·L^{-1} 四水二价氯化锰溶液代替。

过滤不澄清的溶液。

（5）碘酸钾：$c(1/6KIO_3)$=10 mmol·L^{-1} 标准溶液。

在 180 ℃ 干燥数克碘酸钾（KIO_3），称量(3.567±0.003)g 于小烧杯中，加水溶解，转移至 1000 mL 容量瓶内，洗涤烧杯 3～4 次，并将洗涤液定量转移至容量瓶内，定容，摇匀。

将上述溶液吸取 100 mL 移入 1000 mL 容量瓶中，用水稀释至标线，摇匀。

（6）硫代硫酸钠标准滴定液：$c(Na_2S_2O_3)$≈10 mmol·L^{-1}。

① 配制：将 2.5 g 五水硫代硫酸钠溶解于新煮沸并冷却的水中，再加 0.4 g 的氢氧化钠，并稀释至 1000 mL。溶液贮存于深色玻璃瓶中。

② 标定：在锥形瓶中用 100～150 mL 的水溶解约 0.5 g 的碘化钾或碘化钠，加入 5 mL 2 mol·L^{-1} 的硫酸溶液，混合均匀，加 20.00 mL（10 mmol·L^{-1}）标准碘酸钾溶液，稀释至约 200 mL，立即用硫代硫酸钠溶液滴定释放出碘，当接近滴定终点时，溶液呈浅黄色，加淀粉指示剂，再滴定至完全无色。

硫代硫酸钠浓度（c，mmo·L^{-1}）由下式求出：

$$c = \frac{6 \times 20 \times 1.66}{V}$$

式中　V——硫代硫酸钠溶液滴定量，mL。

每日标定一次溶液。

（7）淀粉：新配制 10 g·L^{-1} 溶液。

注：也可用其他适合的指示剂。

（8）酚酞：1 g·L^{-1} 乙醇溶液。

（9）碘溶液（约 0.005 mol·L^{-1}）：溶解 4～5 g 的碘化钾或碘化钠于少量水中，加约 130 mg 的碘，待碘溶解后稀释至 100 mL。

（10）碘化钾或碘化钠。

2. 仪　器

除常用实验室设备外，还有：

细口玻璃瓶：容量在 250～300 mL，校准至 1 mL。具塞克勒瓶或任何其他适合的细口瓶，瓶肩最好是直的。每一个瓶和盖要有相同的号码。用称量法来测定每个细口瓶的体积。

3. 操作步骤

（1）当存在能固定或消耗碘的悬浮物，或者怀疑有这类物质存在时，最好采用电化学探头法测定溶解氧。

（2）检验氧化或还原物质是否存在

如果预计氧化或还原剂可能干扰结果时，取 50 mL 待测水，加 2 滴酚酞溶液后，中和水样。加 0.5 mL 硫酸溶液、几粒碘化钾或碘化钠（质量约 0.5 g）和几滴淀粉指示剂溶液。

如果溶液呈蓝色，则有氧化物质存在。如果溶液保持无色，加 0.2 mL 碘溶液，振荡，放置 30 s，如果没有呈蓝色，则说明存在还原物质。

（3）样品的采集

除非还要做其他处理，样品应采集在细口瓶中。测定就在瓶内进行。试样充满全部细口瓶。

注：在有氧化或还原物的情况下要另作处理。

① 取地表水样

充满细口瓶至溢流，小心避免溶解氧浓度的改变。对浅水用电化学探头法更好些。在消除附着在玻璃瓶上的气泡之后，立即固定溶解氧[见下述（4）]。

② 从配水系统管路中取水样

将一惰性材料管的入口与管道连接，将管子出口插入细口瓶的底部。

用溢流冲洗的方式冲入大约 10 倍细口瓶体积的水，最后注满瓶子，在消除附着在玻璃瓶上的空气泡之后，立即固定溶解氧。

③ 不同深度取水样

用一种特别的取样器，内盛细口瓶，瓶上装有橡胶入口管并插入细口瓶的底部。

当溶液充满细口瓶时将瓶中空气排出。避免溢流。某些类型的取样器可以同时充满几个细口瓶。

（4）溶解氧的固定

取样之后，最好在现场立即向盛有样品的细口瓶中加 1 mL 二价硫酸锰溶液和 2 mL 碱性试剂。使用细尖头的移液管，将试剂加到液面以下，小心盖上塞子，避免把空气泡带入。

若用其他装置，必须小心保证样品中氧含量不变。

将细口瓶上下颠倒转动几次，使瓶内的成分充分混合，静置沉淀至少 5 min，然后再重新颠倒混合，保证混合均匀。这时可以将细口瓶运送至实验室。

若避光保存，样品最长贮藏 24 h。

（5）游离碘

确保所形成的沉淀物已沉降在细口瓶下 1/3 分。

慢速加入 1.5 mL 硫酸溶液 ¦ 或相应体积的磷酸溶液［见上述 1.（1）］¦，盖上细口瓶盖，然后摇动瓶子，要求瓶中沉淀物完全溶解，并且碘已均匀分布。

注：若直接在细口瓶内进行滴定，小心地吸出上部分相应于所加酸溶液容积的澄清液，而不扰动底部沉淀物。

（6）滴定

将细口瓶内的组分或其部分体积（V_1）转移到锥形瓶内。用硫代硫酸钠滴定，在接近滴定终点，加淀粉溶液或者加其他合适的指示剂。

4. 数据记录及结果计算

（1）$Na_2S_2O_3$ 溶液浓度标定记录（表 5-5）

表 5-5　$Na_2S_2O_3$ 溶液浓度标定实验记录

实验编号	1	2	3
滴定管终读数/mL			
滴定管始读数/mL			
消耗 $Na_2S_2O_3$ 体积/mL			
$Na_2S_2O_3$ 浓度/mol·L^{-1}			

（2）水样测定记录（表 5-6）

表 5-6　水样测定记录

实验编号	1	2	3
滴定管终读数/mL			
滴定管始读数/mL			
消耗 $Na_2S_2O_3$ 体积/mL			
溶解氧含量/mg·L^{-1}			

溶解氧含量 c_1(mg·L^{-1})由下式求出（结果取一位小数）：

$$c_1 = \frac{M_r V_2 c f_1}{4V_1}$$

式中　M_r——氧气的分子量，M_r=32 g·mol^{-1}；

V_1——滴定时样品的体积，mL，一般取 V_1=100 mL，若滴定细口瓶内试样，则 $V_1=V_0$；

V_2——滴定样品时所耗去硫代硫酸钠溶液的体积，mL；

c——硫代硫酸钠溶液的实际浓度，mol·L^{-1}。

$$f_1 = \frac{V_0}{V_0 - V'}$$

V_0——细口瓶的体积，mL；

V'——二价硫酸锰溶液（1 mL）和碱性试剂（2 mL）体积的总和。

项目六 电化学分析法

（1）了解常用的指示电极和参比电极；
（2）熟悉直接电位法和电位滴定法的操作；
（3）掌握水质 pH 值的测定。

基础知识

利用物质电学性质和化学性质之间的关系来测定物质含量的方法称为电化学分析法。水质分析中，主要有电位分析法和电导分析法等。

电位分析法简称电位法，它是利用化学电池内电极电位与溶液中某种组分浓度的对应关系，实现定量测定的一种电化学分析法。包括两大类：直接电位法和电位滴定法。直接电位法是通过测定电池电动势来确定待测离子浓度（或活度）的方法，可用于测定各种阴离子或阳离子的浓度（或活度）；电位滴定法是通过测量滴定过程中电池电动势的变化来确定滴定终点的滴定分析法，可用于酸碱、氧化还原等各类滴定反应终点的确定。

一、电位分析法

（一）直接电位法

直接电位法是通过测量原电池的电动势，利用 Nernst 方程直接求出被测物质含量的分析方法，其中应用最为普遍的是测定溶液 pH 值。近些年来，随着离子选择电极的发展，以其作为指示电极进行的电位分析，使得一些难以测量的物质的定量分析得以实现。

在电位分析法中，将两个电极浸入溶液中构成一个原电池，其中一个电极的电极电势能够指示被测离子浓度（或活度）的变化，称为指示电极；而另一个电极的电极电势不受试液组成变化的影响，具有恒定的数值，称为参比电极。通过测量原电池的电动势，即可求得被测离子的浓度（或活度）。溶液一般由被测试样及其他组分组成。

Nernst 方程式可以反映电极电势与被测物质活度之间的关系。例如，某种金属 M 与其金属离子 M^{n+} 组成的电极 M^{n+}/M，根据 Nernst 方程：

$$\varphi_{M^{n+}/M} = \varphi^{\ominus}_{M^{n+}/M} + \frac{RT}{nF} \ln a_{M^{n+}} \qquad (6\text{-}1)$$

式中　$a_{M^{n+}}$——金属离子 M^{n+} 的活度，溶液浓度很小时可以用 M^{n+} 的浓度代替活度。

由 Nernst 方程可知，电极电势 $\varphi_{M^{n+}/M}$ 随着溶液中金属离子 M^{n+} 的活度变化而变化。因此，若测量出此电极的 $\varphi_{M^{n+}/M}$，即可由式（6-1）计算出。但由于单一电极的电极电势是无法测量的，因而一般是测量该金属电极与参比电极所组成的原电池的电动势 □，即

$$\varepsilon = \varphi_{正} - \varphi_{负} = \varphi_{参比} - \varphi_{指示} = \varphi_{参比} - (\varphi^{\ominus}_{M^{n+}/M} + \frac{RT}{nF} \ln a_{M^{n+}})$$

在一定条件下，式中的 $\varphi_{参比}$ 和 $\varphi_{M^{n+}/M}$ 为恒定值，可将它们合并为常数 K，则：

$$\varepsilon = K - \frac{RT}{nF} \ln a_{M^{n+}} \qquad (6\text{-}2)$$

式（6-2）表明，由指示电极与参比电极组成原电池的电池电动势是该金属离子活度的函数，因此只要测出原电池的电动势 □，就可求得 $a_{M^{n+}}$。这就是直接电位分析法的理论依据。

（二）电位滴定法

电位滴定法又称间接电位分析法，是基于滴定过程中电极电位的突跃来指示滴定终点的分析方法。可以有效地解决有色、浑浊溶液以及找不到合适指示剂的各类滴定分析问题。

1. 测定原理

电位滴定就是在待测试液中插入指示电极和参比电极组成化学电池，随着滴定剂的加入，待测离子的浓度不断变化，指示电极的电位也相应发生变化，在计量点附近，离子浓度发生突变，指示电极的电位也相应发生突变。因此通过测量电池电动势的变化就能确定滴定终点，待测组分的含量仍通过耗用滴定剂的量来计算。

2. 电位滴定法的应用

电位滴定法在滴定分析中应用十分广泛，尤其在有色试样、浑浊试样及非水

溶液的分析中具有显著优点。它的灵敏度高于用指示剂指示终点的滴定分析。

在酸碱滴定时溶液的 pH 值发生变化，常用 pH 玻璃电极作为指示电极，饱和甘汞电极作为参比电极，在计量点附近，pH 值突跃使指示电极电位发生突跃而指示出滴定终点。在水质分析中常用电位滴定法测定水中的酸度和碱度，以 NaOH 标准溶液或 HCl 标准溶液为滴定剂，通过 pH 计或电位滴定仪指示滴定终点，用滴定曲线法，确定 NaOH 标准溶液或 HCl 标准溶液的用量，从而计算出水中的酸度和碱度。该法比较适合弱酸、弱碱及没有合适指示剂的非水滴定等。

配位滴定中（以 EDTA 为滴定剂），若共存杂质离子对所用金属指示剂有封闭、僵化作用而使滴定难以进行，电位滴定是一种好的方法。例如，以 Ca^{2+} 选择性电极为指示电极，可以用 EDTA 滴定 Ca^{2+} 等。

在沉淀滴定时，应根据不同的沉淀反应采用不同的指示电极。例如，以 $AgNO_3$ 标准溶液滴定卤素离子时，可以用银电极作为指示电极，也可以用卤化银薄膜电极或硫化银薄膜电极等离子选择性电极作为指示电极。

在氧化还原滴定中，可以用铂电极作为指示电极，饱和甘汞电极作为参比电极。例如，用 $KMnO_4$ 标准溶液滴定 Fe^{2+}、Sn^{2+}、I^- 等离子。

二、参比电极和指示电极

（一）参比电极

在电化学分析测试过程中，电极电势不受试液组成变化的影响，具有恒定数值的这一类电极称为参比电极。电位分析法中使用的参比电极，不仅要求其电极电位与试液组成无关，还要求其性能稳定、重现性好、使用寿命长并且易于制备。参比电极的一级标准是标准氢电极。它是一种气体电极，其电极电位值规定在任何温度下都是 0 V。但是，由于标准氢电极制备较麻烦、使用不方便、铂黑容易中毒等，在电化学分析中，一般不采用标准氢电极作为参比电极。通常采用的参比电极是制备容易、重现性比较好的甘汞电极、银-氯化银电极等。

1. 甘汞电极

甘汞电极由金属汞、甘汞（Hg_2Cl_2）以及 KCl 溶液组成。甘汞电极的构造如图 6-1 所示，电极由两个玻璃套管组成。内套管封接一根铂丝，铂丝插入纯汞中，纯汞下盛有汞和甘汞混合的糊状物，由浸有饱和 KCl 溶液的脱脂棉塞紧，外管中装入内参比溶液（KCl 溶液），内部电极与内参比溶液接触部分，以及电极下端与被测溶液接触部分都是素烧陶瓷芯或玻璃砂芯等多孔物质。

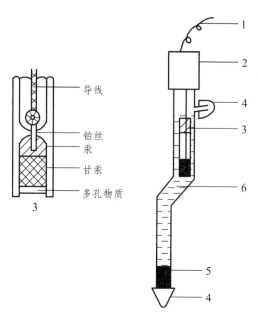

图 6-1 甘汞电极

1—导线；2—绝缘体；3—内部电极；4—橡皮帽；5—多孔物质；6—饱和 KCl 溶液

甘汞电极的电极符号为

$$Hg, \ Hg_2Cl_2(s)|KCl(mol \cdot L^{-1})$$

电极反应为

$$Hg_2Cl_2(s)+2e^- \rightleftharpoons 2Hg+2Cl^-$$

电极电位（25 ℃）为

$$\varphi_{Hg_2Cl_2/Hg} = \varphi^{\ominus}_{Hg_2Cl_2/Hg} - 0.059 \lg a_{Cl^-} \tag{6-3}$$

由式（6-3）可知，温度一定时，甘汞电极的电极电势主要取决于 a_{Cl^-}，当 a_{Cl^-} 一定时，其电极电势是恒定的。所以，KCl 溶液的浓度不同时，甘汞电极的电极电势具有不同的恒定值，见表 6-1。

表 6-1　25 ℃ 时不同 KCl 浓度甘汞电极的电极电位

KCl 溶液浓度	电极名称	电极电位
0.1 mol・L^{-1}	0.1 mol・L^{-1} 甘汞电极	+0.3356 V
1.0 mol・L^{-1}	标准甘汞电极	+0.2888 V
饱和	饱和甘汞电极（SCE）	+0.2415 V

常用的参比电极是饱和甘汞电极，在不同温度条件下，饱和甘汞电极的电极电位：

$$\varphi_{Hg_2Cl_2/Hg} = 0.2415 - 7.6 \times 10^{-4}(t-25) \qquad (6\text{-}4)$$

由此可知，在温度变动不大的情况下，由温度变化而产生的误差可以忽略。

2. 银-氯化银电极

银-氯化银电极是由 Ag-AgCl 和 KCl 溶液组成，其构造如图 6-2 所示。

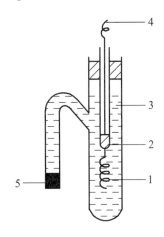

图 6-2　Ag-AgCl 电极

1—镀 AgCl 的 Ag 丝；2—Hg；3—KCl 溶液；4—导线；5—多孔物质

Ag-AgCl 电极是在银丝上覆盖一层氯化银，然后浸在一定浓度的 KCl 溶液中构成的。电极符号为

$$Ag，AgCl(s)|Cl^-(mol \cdot L^{-1})；$$

电极反应为

$$AgCl(s)+e^- \Longrightarrow Ag(s)+Cl^-$$

电极电势（25 ℃）为

$$\varphi_{AgCl/Ag} = \varphi^{\ominus}_{AgCl/Ag} - 0.059 \lg a_{Cl^-} \qquad (6\text{-}5)$$

由式（6-5）可知，Ag-AgCl 电极的电极电势随 a_{Cl^-} 的变化而改变。25 ℃ 时不同浓度的 KCl 溶浓的 Ag-AgCl 电极的电极电势见表 6-2。由于 Ag-AgCl 电极的温度系数比甘汞电极要小，所以可以用于沸水中，在特殊条件下使用温度还可以再高，并且长时间使用后电极也比较稳定。因此 Ag-AgCl 电极除了用作参比电极外，也可以作为氯离子的指示电极使用。

表 6-2　25 ℃ 时不同 KCl 浓度 Ag-AgCl 电极的电极电位

KCl 溶液浓度	电极名称	电极电位
$0.1\ \text{mol} \cdot \text{L}^{-1}$	$0.1\ \text{mol} \cdot \text{L}^{-1}$Ag-AgCl 电极	+0.2280 V
$1.0\ \text{mol} \cdot \text{L}^{-1}$	标准 Ag-AgCl 电极	+0.2223 V
饱和	饱和 Ag-AgCl 电极	+0.2000 V

（二）指示电极

电位法中所用的指示电极分为金属基电极和膜电极两大类。

1. 金属基电极

（1）金属-金属离子电极

将金属（M）浸在含有相同金属离子（M^{n+}）的溶液中，达到平衡后构成的电极。

电极符号：　　　　$M|M^{n+}(\text{mol} \cdot \text{L}^{-1})$

电极反应：　　　　$M^{n+}+ne^- \rightleftharpoons M$

电极电位（25 ℃）：

$$\varphi_{M^{n+}/M} = \varphi^{\ominus}_{M^{n+}/M} + \frac{0.059}{n}\ln a_{M^{n+}} \qquad （6\text{-}6）$$

由式（6-6）可知，金属-金属离子电极的电势决定金属离子的活度（或浓度），并与金属离子活度的对数呈直线关系，因此可用作测定该金属离子活度（或浓度）的指示电极。可构成这类电极的金属包括 Ag、Cu、Zn、Cd、Pb、Hg 等。

（2）金属-金属微溶盐电极

它是在一种金属丝上涂上该金属的微溶盐，并浸入含有微溶盐阴离子的溶液中构成的电极。

金属-金属微溶盐电极的电极电位与微溶盐阴离子的活度有关。可用作测定该阴离子活度（或浓度）的指示电极，如 Ag-AgCl 电极。这类电极制作简便，电极电势稳定。

（3）均相氧化还原电极

由性质稳定的惰性金属（如铂或金）浸在某电对氧化态和还原态组成的溶液中所构成的电极。在溶液中，电极只作为导体，本身并不参与反应，是物质的氧化态和还原态交换电子的场所，通过它可以指示溶液中氧化还原体系的电极电位。例如，将铂丝浸入 Fe^{3+} 和 Fe^{2+} 的混合溶液中形成的电极。

电极符号：　pt$\left|Fe^{3+} (a_{Fe^{3+}}),\right|Fe^{2+} (a_{Fe^{2+}})$

电极反应：$\qquad Fe^{3+}+e^- \rightleftharpoons Fe^{2+}$

电极电位（25 ℃）：

$$\varphi_{Fe^{3+}/Fe^{2+}} = \varphi^{\ominus}_{Fe^{3+}/Fe^{2+}} + 0.059 \lg \frac{a_{Fe^{3+}}}{a_{Fe^{2+}}}$$

2. 膜电极

膜电极也称离子选择性电极，通常以固态或液态敏感膜为传感器。对溶液中某种离子产生选择性的响应，其电极电位与该离子活度（浓度）的对数呈线性关系。因而可以指示该离子的活度（浓度），在电位分析法中常被用作指示电极。应用离子选择性电极作为指示电极，进行电位分析，具有简便、快速和灵敏的特点。

离子选择性电极上没有电子的转移，其电极电位是由敏感膜两侧的离子交换和扩散而产生的电位差。目前已制成的离子选择性电极有几十种，可直接或间接地用于测定 Na^+、K^+、Ag^+、NH_4^+、Ca^{2+}、Cu^{2+}、pb^{2+}、F^-、Cl^-、Br^-、I^-等多种离子。

三、电导分析法

电导率是以数字表示溶液传导电流的能力。纯水的电导率很小，但当水被污染而溶解有各种盐类时，水的电导率增大，水的导电能力增强。通过测定水的电导率，可以间接推测水中离子成分的总浓度，从而了解水源矿物质污染的程度。电导率通常用电导率仪测定。

（一）基本原理

将两个电极（通常用铂电极或铂黑电极）插入电解质溶液中，可以测出两电极间的电阻 R。根据欧姆定律，温度一定时，该电阻与电极的间距离 L 成正比，与电极的截面积 A 成反比。即

$$R = \rho \frac{L}{A}$$

式中 $\quad \rho$——比例常数，称为电阻率；

$\quad \dfrac{L}{A}$——电导池常数，用 Q 表示。

又因为电导（用 S 表示）是电阻的倒数，则

$$S = \frac{1}{R} = \frac{1}{\rho \cdot Q}$$

式中　S——电导，反应导电能力强弱；

　　　Q——电导池常数。

而电导率是电阻率的倒数（用 K 表示），

$$K=\frac{1}{\rho}=QS=\frac{Q}{R}$$　　　　　　（6-7）

电导池常数 Q，可通过测定已知电导率的 KCl 溶液的电导 S_{KCl}，用下式求得

$$Q=\frac{K_{KCl}}{S_{KCl}}=K_{KCl}R_{KCl}$$　　　　　　（6-8）

所以，当已知电极常数 Q，并测出水样的电阻后，就可以通过式（6-7）求出水样的电导率。

（二）电导分析法在水质分析中的应用

利用电导仪测定水的电导率，可判断水质状况。在水质分析中，水的电导是一个很重要的指标，因为它反映了水中存在电解质的程度。

1. 检验水质的纯度

为了证明高纯水的质量，应用电导法是最适宜的方法。25 ℃ 时，绝对纯水的理论电导率为 0.055 μS·cm⁻¹，一般用电导率大小检验蒸馏水、去离子水或超纯水的纯度。例如，超纯水的电导率为 0.01 ~ 0.1 μS·cm⁻¹，新蒸馏水为 0.5 ~ 2 μS·cm⁻¹，去离子水为 1 μS·cm⁻¹ 等。

2. 判断水质状况

通过电导率的测定可初步判断天然水和工业废水被污染的情况。例如，饮用水的电导率为 50 ~ 1500 μS·cm⁻¹，清洁河水为 100 μS·cm⁻¹，天然水为 500 ~ 500 μS·cm⁻¹。

3. 估算水中的溶解氧

利用某些化合物和水中的溶解氧发生反应而产生能导电的离子成分，从而可以测定溶解氧。一般每增加 0.035 μS·cm⁻¹ 的电导率相当于含有 $1×10^{-12}$ 的溶解氧。

4. 估计水中可滤残渣的含量

水中所含各种溶解性矿物盐类的总量称为水的总含盐量，也称总矿化度。水

中所含溶解盐类越多，水的电导率就越高。

任务八　水中 pH 值的测定（玻璃电极法）

任务描述

pH 值可由测量电池的电动势而得。该电池通常以饱和甘汞电极为参比电极，玻璃电极为指示电极所组成。在 25 ℃，溶液的 pH 值变化 1 个单位，电池的电极电位改变 59.16 mV，据此在仪器上直接以 pH 的读数表示。温度差异在仪器上有补偿装置。

实施方法及步骤

1. 试　剂

（1）蒸馏水：配制标准溶液的蒸馏水应煮沸并冷却，其 pH 值在 6.7 ~ 7.3 为宜。

（2）标准缓冲溶液

测量 pH 时，按水样呈酸性、中性和碱性三种可能，常配制以下三种溶液：

① pH 标准溶液甲（pH 4.008, 25 ℃）：称取在 110 ~ 130 ℃干燥 2 ~ 3 h 的邻苯二甲酸氢钾（$KHC_8H_4O_4$）10.12 g，溶于水后在容量瓶中定容至 1 L。

② pH 标准溶液乙（pH 6.865, 25 ℃）：称取在 110 ~ 130 ℃干燥 2 ~ 3 h 的磷酸二氢钾（KH_2PO_4）3.388 g 和磷酸氢二钠（Na_2HPO_4）3.533 g，溶于水后在容量瓶中定容至 1 L。

③ pH 标准溶液丙（pH 9.180,25 ℃）：为了使晶体具有一定的组成，应称取与饱和溴化钠（或氯化钠加蔗糖）溶液共同放置在干燥器中平衡两昼夜的硼砂（$Na_2B_4O_7 \cdot 10H_2O$）3.80 g，溶于水后在容量瓶中定容至 1 L。

当被测样品 pH 值过高或过低时,应配制与其 pH 值近似的标准溶液校正仪器。

标准溶液要在聚乙烯瓶或硬质玻璃瓶中密闭保存。在室温条件下一般可保存 1 ~ 2 个月，在 4 ℃冰箱内存放，可延长使用期限。

标准溶液的 pH 值随温度的变化而稍有差异。一些常用的标准溶液的 pH（S）值见表 6-3。

表 6-3　五种标准溶液的 pH（S）值

t/℃	A	B	C	D	E
0		4.003	3.984	7.534	9.464
5		3.999	6.951	7.500	9.395
10		3.998	6.923	7.472	9.332
15		3.999	6.900	7.448	9.276
20		4.002	6.881	7.429	9.225
25	3.557	4.008	6.865	7.413	9.180
30	3.552	4.015	6.853	7.400	9.139
35	3.549	4.024	6.844	7.389	9.102
38	3.548	4.030	6.840	7.384	9.081
40	3.547	4.035	6.838	7.380	9.068
45	3.547	4.047	6.834	7.373	9.038
50	3.549	4.060	6.833	7.376	9.011

注：A—酒石酸氢钾（25℃）；B—邻苯二甲酸氢钾（0.05mol·kg^{-1}）；C—磷酸二氢钾（0.025 mol·kg^{-1}）和磷酸氢二钠（0.025 mol·kg^{-1}）；D—磷酸二氢钾（0.008695 mol·kg^{-1}）和磷酸氢二钠（0.03043 mol·kg^{-1}）；E—硼砂（0.01 mol·kg^{-1}）。

2. 仪　器

（1）酸度计或离子浓度计。常规检验使用的仪器，至少应当精确到 0.1pH 单位，pH 范围为 0 ~ 14。

（2）玻璃电极与甘汞电极。

3. 样品保存

最好现场测定。否则，应在采样后把样品保存在 0 ~ 4 ℃，并在采样后 6 h 之内进行测定。

4. 测　定

（1）仪器校准：操作程序按仪器使用说明书进行。先将水样与标准溶液调到同一温度，记录测定温度，并将仪器温度补偿旋钮调至该温度上。

用标准溶液校正仪器，该标准溶液与水样 pH 相差不超过 2 个 pH 单位。从标准溶液中取出电极，彻底冲洗并用滤纸吸干。再将电极侵入第二个标准溶液中，其 pH 大约与第一个标准溶液相差 3 个 pH 单位。如果仪器响应的示值与第二个标准溶液的 pH（S）值之差大于 0.1pH 单位，就要检查仪器、电极或标准溶液是否存在问题。当三者均正常时，方可用于测定样品。

（2）样品测定

测定样品时，先用蒸馏水认真冲洗电极，再用水样冲洗，然后将电极没入样品中，小心振动或进行搅拌使其均匀，静置，待读数稳定时记下 pH 值。

5. 数据记录（表 6-4）

表 6-4　水样 pH 值测定数据

编号	1	2	3
被测溶液 pH 值			
平均值			

项目七　吸光光度分析法

（1）了解光的基本性质，物质颜色的产生及物质对光的选择性吸收；

（2）掌握光的吸收定律；

（3）掌握显色反应及其条件的选择；

（4）了解常用的分光光度计的结构，掌握分光光度计的操作；

（5）掌握氨氮、总磷、总氮、色度和油类等水质指标的测定方法。

❖ **基础知识** ❖

一、吸光光度分析法概论

吸光光度分析法是根据物质对光的选择性吸收而建立起来的分析方法。通常包括比色分析法和分光光度法。在分光光度法中，根据所用光源的波长区域的不同，又分为可见光分光光度法、紫外分光光度法和红外分光光度法。

有色溶液颜色的深浅与有色溶质的浓度大小有关。浓度越大，则颜色越深；浓度越小，则颜色越浅。如 $KMnO_4$ 溶液，当其浓度很小时，溶液呈粉红色，随着浓度的增加，溶液呈深红、紫红色。Fe^{2+} 可与邻二氮菲生成一稳定的红色配合物，在一定条件下，当有适量的邻二氮菲存在时，Fe^{2+} 浓度越大，其红色颜色越深。这些现象说明，溶液颜色的深浅与溶质的含量之间存在着一定的函数关系，因此，可以根据溶液颜色的深浅来确定溶液中溶质的含量。这种通过比较溶液颜色的深浅来确定物质含量的方法称为比色分析法。

在比色分析法中，所使用的波长范围较宽（即单色性差），因此测定的准确度、灵敏度较差，应用范围较窄。随着近代仪器的发展，目前已使用分光光度计测定溶液中有色物质的浓度及应用波长范围很窄的光（较纯的单色光）与被测物作用。根据有色物质溶液对光的吸收程度来确定该物质的含量，这种方法称为吸光光度法。

吸光光度法主要应用于测定试样中微量组分的含量，与滴定分析法，重量分析法相比较有以下一些特点：

第一，灵敏度高。这种方法分析测定摩尔浓度下限一般可达 10^{-5} ~ 10^{-6} mol·L^{-1}，是测定微量组分（0.001% ~ 1%）的常用方法。

第二，准确度高。一般比色分析法的相对误差为 5% ~ 10%，分光光度法为 2% ~ 5%，其准确度看起来比重量法和滴定法低。但对微量组分的测定来说已完全能够满足要求。

第三，操作简便，测定快速。近年来一些灵敏度高选择性好的显色剂和掩蔽剂的应用，使测定不经分离就可进行，大大提高了测定速度。此外吸光光度分析所用仪器设备也不复杂，操作方便，容易掌握。

第四，应用广泛。几乎所有的无机离子和许多有机化合物都可以直接或间接地用比色分析法和分光光度法进行测定，所以吸光光度分析法广泛应用于水质分析。

二、吸光光度法基本原理

（一）物质的颜色和对光的选择性吸收

吸光光度分析法是根据物质对光的选择性吸收而建立的。比色分析和分光光度法研究的是溶液对光的选择吸收行为，因此溶液的颜色反映出物质吸收光的波长范围，颜色的深浅反映出物质对某波长范围的光的吸收程度。物质的颜色是物质对可见光选择性吸收的结果，物质呈现何种颜色，与光的组成和物质本身的结构有关。

1. 光的基本性质

光是一种电磁辐射或叫电磁波。光具有波粒二象性，即波动性和粒子性，光的波动性表现在光能产生干涉、辐射、折射、偏振等现象，可由波长 λ（cm）、频率 ν（Hz）和光速 c（cm/s，在真空中约为 3×10^{10} cm/s）来定量描述。其关系式为：

$$\lambda\nu=c \tag{7-1}$$

光电效应则表现出光具有粒子性。光可以看作是具有一定能量的粒子流，这种粒子称为光量子或光子。光子的能量与波长的关系为

$$E = h\nu = hc / \lambda \tag{7-2}$$

式中　E——光子的能量，J；

　　　h——普朗克常数，$h=6.625\times10^{-34}$ J·s。

由此可知，不同波长的具有不同的能量，波长越短、频率越高的光，能量越

大。按波长顺序把各种电磁波排列成谱，称为电磁波谱。如表 7-1 所示。

表 7-1　电磁波谱

电磁波名称	波长	电磁波名称	波长
X 射线	$10^{-3} \sim 10$ nm	中红外光	$2.5 \sim 25$ μm
远紫外线	$10 \sim 200$ nm	远红外光	$25 \sim 100$ μm
近紫外区	$200 \sim 400$ nm	微波	$0.1 \sim 100$ cm
可见光	$400 \sim 760$ nm	无限电波	$1 \sim 100$ m
远红外光	$0.76 \sim 205$ μm		

在电磁波谱中，波长范围在 $400 \sim 760$ nm 的电磁波能被人的视觉所感觉到，所以这一波长范围的光称为可见光，可见光具有不同颜色，每种颜色的光具有一定的波长范围，如表 7-2 所示。

表 7-2　不同波长光的颜色

波长/nm	颜色	波长/nm	颜色
$620 \sim 760$	红色	$480 \sim 500$	青色
$590 \sim 620$	橙色	$430 \sim 480$	蓝色
$560 \sim 590$	黄色	$400 \sim 430$	紫色
$500 \sim 560$	绿色		

白光（如日光、白炽灯光等）是一种复合光，它是由各种不同颜色的光按一定的强度比例混合而成的。白光经过色散作用可分解为红、橙、黄、绿、青、蓝、紫七种颜色的光。这七种颜色的光叫作单色光，但并不是纯的单色光，每种单色光都具有一定的波长范围。不仅七种单色光可以混合为白光，两种适当颜色的单色光按照一定比例混合也可成为白光，这两种单色光称为互补单色光。如蓝光和黄光互补，绿光与紫光互补等。

2. 溶液的颜色和物质对光的选择性吸收

溶液呈现不同的颜色是由于溶液的质点（分子或离子）选择性吸收某种色光而使溶液呈现颜色。当白光透过溶液时，如果各种色光的透过程度相同，则这种溶液就是无色透明的；如果溶液将某一部分波长的光吸收，其他波长的光透过，则溶液呈现透过光的颜色，即溶液呈现的颜色是它吸收光的互补色。例如，当复合光通过邻二氮菲亚铁溶液时，它选择性吸收了复合光中的黄绿色，其他颜色的光不被吸收而透过溶液，因此邻二氮菲亚铁溶液就显透过光的颜色（橘红色）。高锰酸钾溶液因吸收了复合光中的绿色光，红色、紫色几乎完全透过，因此溶液呈现紫红色。物质吸收光的波长与呈现的颜色关系见表 7-3。

表 7-3　溶液吸收光的颜色和透过光的颜色的关系

| 吸收光 | | 透过光颜色 |
颜色	λ/nm	
紫	400～450	黄绿
蓝	450～480	黄
青蓝	480～490	橙
青	490～500	红
绿	500～560	紫红
黄绿	560～580	紫
黄	580～600	蓝
橙	600～650	青蓝
红	650～700	青

3. 光吸收曲线

将不同波长的单色光，依次通过一定浓度的某一有色溶液，测量每一波长下该溶液对各种单色光的吸收程度（吸光度 A），然后以波长为横坐标，以吸光度 A 为纵坐标作图，所得曲线称为光吸收曲线或吸收光谱曲线。根据曲线可以了解溶液对不同波长光的吸收情况。

图 7-1 是四种不同浓度的 $KMnO_4$ 溶液的光吸收曲线。从图中我们可以看出：

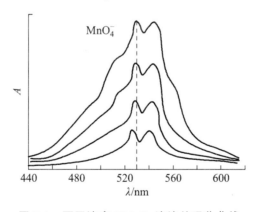

图 7-1　不同浓度 $KMnO_4$ 溶液的吸收曲线

（1）在可见光范围内，$KMnO_4$ 溶液对波长 525 nm 附近的绿光有最大吸收，此波长称为最大吸收波长，用 λ_{max} 表示。$KMnO_4$ 溶液的 $\lambda_{max}=525$ nm。由于 $KMnO_4$ 溶液对紫色和红色光吸收程度很小，因此其溶液呈紫红色。

（2）光吸收曲线具有特征性。不同物质光吸收曲线不同，λ_{max} 不同。同一物质不同浓度溶液，光吸收曲线相似，λ_{max} 不变，吸光度不同。因此可根据光吸收曲线进行定性分析。

（3）同一物质的溶液在某波长处的吸收度 A 随着浓度的改变而变化。这个特征可作为定量分析的依据。

（二）光吸收定律

1. 朗伯-比尔定律

当一束平行的单色光通过某一有色溶液时，由于有色质点（分子或离子）对光能的吸收，导致光的强度减弱。研究表明：一束单色光通过某一有色溶液时，溶液对光的吸收程度与溶液液层厚度及溶液浓度成正比。这一结论称为光吸收定律，或称为朗伯-比尔定律。其数学表达式为

$$A = kbc \tag{7-3}$$

式中　A——吸光度，$A = \lg \dfrac{I_0}{I}$；

　　　I_0——入射光强度；

　　　I——透过光强度；

　　　b——溶液厚度，cm；

　　　c——溶液中溶质的浓度，$mol \cdot L^{-1}$。

它表明：当一束单色光通过有色溶液后，溶液的吸光度与有色溶液浓度及液层厚度成正比。

此外，常把 $\dfrac{I}{I_0}$ 称为透光率，用 T 表示，即

$$T = \frac{I}{I_0}$$

吸光度 A 与透光度 T 的关系为

$$A = \lg \frac{I_0}{I} = \lg \frac{I}{T} = {}^- \lg T \tag{7-4}$$

式（7-3）中的比例常数 K 与吸光物质的性质、入射光波长、温度等因素有关，并随着 c、b 所取单位不同而不同。

当 c 的单位 $g \cdot L^{-1}$，液层厚度 b 的单位为 cm 时，常数 k 以 a 表示，称为吸光系数，单位为 $g \cdot L^{-1} \cdot cm^{-1}$，其物理意义是：浓度为 $1\ g \cdot L^{-1}$，液层厚度为 $1\ cm$ 时，在一定波长下测得的吸光度。

当浓度 c 的单位为 $mol \cdot L^{-1}$，液层厚度的单位为 cm 时，k 用 ε 来表示。ε 称为摩尔吸光系数，单位为 $mol \cdot L^{-1} \cdot cm^{-1}$。它表示吸光质点的浓度为 $1\ mol \cdot L^{-1}$，液层厚度为 $1\ cm$ 时溶液的吸光度。

ε 反映了吸光物质对光的吸收能力，ε 越大，表明有色溶液对光的吸收能力越强，溶液颜色越深，用光度法测定该吸光物质时灵敏度越高。一般 ε 的变化范围是 $10 \sim 10^5$，其中，$\varepsilon > 10^4$ 为强度大的吸收，而 $\varepsilon < 10^3$ 为强度小的吸收。

2. 朗伯-比尔定律适用范围

朗伯-比尔定律 $A=kbc$ 中，所使用的比色皿（吸收池）的厚度是固定的，即液层厚度 b 是定值，所以吸收定律可以写成：

$$A=k'bc \tag{7-5}$$

以吸光度 A 为纵坐标，以被测物质对应的浓度 c 为横坐标作图，应得到通过原点的一条直线，称为标准曲线或工作曲线，如图 7-2 所示。

在实际测量中，只要在与绘制标准曲线相同条件下，测出溶液中被测组分的吸光度值，便可在标准曲线上查出对应的该组分的含量。

在实际分析工作中，一般应用标准曲线上吸光度值为 0.2 ~ 0.8 范围的直线。吸光度太高或过低，都会影响分析结果的准确度，尤其是测定水样的物质含量较高时，往往出现标准曲线弯曲的现象，而偏离朗伯-比尔定律。

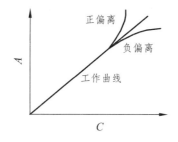

图 7-2　标准曲线

偏离朗伯-比尔定律的原因很多，主要有以下两个方面。

（1）单色光不纯引起的偏离

严格地讲朗伯-比尔定律只适用单色光。但在实际测定中，由于仪器本身条件的限制，所使用的入射光并非纯的单色光，而是具有一定波长范围的近似单色光。由于物质对不同波长光的吸收能力不同，即 ε 不同，得到的吸光度的数值就不同，因此测出的总吸光度与浓度不成正比，数值偏小，产生负误差，导致工作曲线上端向下弯曲（形成负偏离），尤其浓度大时偏离更严重。因此，在实际分析中，为了减少单色光不纯引起的偏离，除了选用质量较好的分光光度计外，还应采用适宜的分析浓度，并选择物质的最大吸收波长为入射光，这样不仅可以保证测定有较高的灵敏度，也可使偏离朗伯-比尔定律的程度减轻。

（2）溶液本身的原因引起的偏离

朗伯-比尔定律只适用于均匀、非散射性溶液。如果溶液不均匀，被测物以胶体、乳浊、悬浮状态存在，测定时入射光除了被吸收之外，还会有因反射、散射作用而造成的损失。因而测出的吸光度数值比实际数值大，导致偏离朗伯-比尔定律，产生正偏离。另外，溶液中的吸光物质常因离解、缔合及互变异构等化学变化而使其浓度发生变化，因而导致偏离朗伯-比尔定律。

三、显色反应及其影响因素

（一）显色反应

在进行光度分析时，如果待测物质本身颜色较深，可以直接进行测定。

但很多物质本身没有颜色，它们对可见光不产生吸收；很多物质本身颜色较浅，其 ε 较小，测定的灵敏度较低。因此当被测物质本身无色或颜色较浅时，常常需要加入合适的试剂使之生成颜色较深的物质，然后进行测定。这种将被测组分转变成有色化合物的反应称为显色反应。使被测组分转变为有色化合物的试剂叫显色剂。显色反应的类型主要有配位反应和氧化还原反应两大类，而配位反应是应用最多的。显色反应的选择应遵循如下原则：

（1）选择性要好，所选用的显色剂最好只与被测组分起显色反应。如果溶液中共存的其他组分也与显色剂反应产生干扰，则干扰应容易消除。

（2）灵敏度要高，光度分析主要应用于测量微量组分，因此显色反应所生成的有色化合物的 ε 要大。ε 值越大，颜色越深，测定的灵敏度就越高。但是高灵敏的显色反应其选择性往往较差。因此选择显色反应既要考虑测定的灵敏度又要考虑选择性。

（3）有色化合物的组成要恒定，化学性质要稳定，不易受环境条件及溶液中其他化学因素的影响。

（4）有色化合物与显色剂之间颜色差别要大，如果使用的显色剂本身有颜色，那么它的颜色应与所生成的有色化合物的颜色有明显的区别，以避免显色剂对测定的干扰。一般要求两者的最大吸收波长相差在 60 nm 以上。

（二）影响显色反应的因素及显色条件的选择

吸光光度法是测定显色反应达到平衡时溶液的吸光度，因此应用化学平衡原理，控制适当的反应条件，使显色反应趋于完全和稳定，以提高测定的准确度。影响显色的因素主要有显色剂用量、溶液酸度、显色温度、显色时间、溶液中共存离子的影响等。

1. 显色剂用量

显色反应一般可表示为：

$$M \quad + \quad R \quad \Longleftrightarrow \quad MR$$

被测组分 　　　　显色剂 　　　　有色化合物

该反应在一般是可逆的。为了使显色反应尽可能进行完全，一般应加入过量的显色剂，但并非过量越多越好，对某些显色反应，当显色剂浓度太大时，将会引起副反应，如生成一系列配位数不同的配合物，有色配合物的组成不固定。对于这种情况，只有严格控制显色剂的用量，才能获得准确的结果。

在实际工作中通过实验来确定显色剂的用量，实验方法是：固定被测组分的浓度和其他条件，依次分别加入不同量的显色剂，分别测定其吸光度，然后以显色剂的浓度为横坐标，以对应吸光度为纵坐标作图,得出吸光度 A-显色剂浓度 $c(R)$ 曲线。若 $c(R)$ 在某个浓度范围内测得的吸光度无明显增大，$c(R)$ 值即可在此范围内选取。

2. 溶液酸度

溶液的酸度对显色反应的影响很大，控制适宜的酸度是保证吸光光度分析得到良好结果的重要条件之一。溶液的酸度对显色反应的影响主要表现在以下几个方面。

（1）影响显色剂的浓度与颜色。显色反应所用的显色剂大多是有机弱酸，溶液酸度的变化直接影响显色剂的离解程度，并影响显色反应进行的完全程度。另外，部分显色剂具有酸碱指示剂的性质，不同 pH 值下具有不同的颜色。

（2）影响被测金属离子的存在状态。被测金属离子以离子状态存在时才有利于显色反应进行完全。但是，许多离子如 Al^{3+}、Fe^{3+}、Ti^{4+} 及稀土元素离子等，易发生水解，当溶液 pH 值增大时,这些离子将生成氢氧化物沉淀而降低其有效浓度，使显色反应不完全，甚至完全不显色。所以从这种情况考虑，显色时溶液酸度不能太低。

（3）影响有色配合物的组成。当被测金属离子与显色剂可以形成几种配位数不同的配合物时，其颜色也不同，在实验时要严格控制适宜的酸度，可通过实验来确定。其方法是：固定溶液中被测组分与显色剂的浓度，改变溶液的 pH 值，测出相应的吸光度。然后以 pH 值为横坐标，以对应的吸光度为纵坐标作图，得 pH-A 曲线，从曲线上找出适宜的 pH 值范围。在实际分析工作中，常通过缓冲溶液控制显色反应的 pH 值。

3. 显色温度

不同显色反应所要求的温度不一样，显色反应大多可在室温下进行，但有些显色反应需要加热至一定温度才能完成。

4. 显色时间

有些显色反应瞬间就可完成，并且颜色很快达到稳定状态，在较长的时间内保持不变。但有些显色反应虽能迅速完成，但其稳定时间较短，颜色很快褪去；有些显色反应进行得比较缓慢，需要经过一定时间后，显色反应才能完成，溶液颜色才能达到稳定状态。因此，应根据具体情况，掌握适当的显色时间，在颜色稳定的时间范围内进行测定。

5. 溶液中共存离子的影响

溶液中共存离子对显色反应的影响主要表现在以下两个方面：一是共存离子本身有颜色或与显色剂生成有色化合物，使吸光度增加，造成正误差；二是共存离子与被测金属离子或显色剂反应生成无色化合物，使吸光度降低，造成负误差。

消除共存离子的干扰可采取如下方法：

（1）控制溶液酸度。不同金属离子与显色剂生成的有色配合物的稳定性不同，因此在一定的酸度下，就可使某种金属离子显色而其余金属离子不能显色。

（2）加入掩蔽剂。选取的条件是掩蔽剂不与待测离子作用，掩蔽剂以及它与干扰离子形成的配合物的颜色不干扰待测离子的测定。如用二苯硫腙为显色剂测定 Hg^{2+} 时，如溶液中共存有大量的 Bi^{3+}，可加入 EDTA 掩蔽 Bi^{3+}，消除其干扰。

（3）利用氧化还原反应消除干扰。在溶液中加入氧化剂或还原剂来改变干扰离子的价态以消除干扰。

（4）分离干扰离子，如用上述方法仍不能消除干扰，这时可采用萃取、沉淀或离子交换法将干扰离子与被测离子分离，然后进行显色。

四、测量条件的选择

（一）测量波长的选择

为使测定有较高的灵敏度，应选择合适波长的光作为入射光。根据"最大吸收原则"，所选入射光的波长应等于有色物质的最大吸收波长 λ_{max}。这样不仅测定的灵敏度高，即吸光度最大，而且测定的准确度也高，因这时偏离朗伯-比尔定律的程度小。如果最大吸收波长不在仪器的可测波长范围之内，或干扰组分在最大吸收波长处也有较大的吸收，这时应根据"吸收最大、干扰最小"的原则来选择入射光。这时应放弃最大吸收波长，而选择不被干扰组分吸收的、灵敏度稍低的波长作为入射光。虽然此时测定的灵敏度有所下降，但保证了测定的准确度。

（二）控制适当的吸光度范围

在光度测量的误差中我们已经知道，要使浓度测定的相对误差较小，测定时，应控制溶液的吸光度在 0.2～0.8 范围内。根据朗伯-比尔定律：$A=\varepsilon bc$，控制溶液吸光度可从通过控制溶液浓度 c 和控制液层厚度 b 来实现。

（三）选择合适的参比溶液

在测定吸光度时，利用参比溶液来调节仪器的零点，消除由于溶液、干扰组分、显色剂、吸收池器壁及其他试剂等对入射光的反射和吸收带来的误差。在测定吸光度时，应根据不同的情况选择不同的参比溶液。

（1）如果被测试液、显色剂及所用的其他试剂均无颜色，可选用蒸馏水做参比溶液。

（2）如果显色剂有颜色而被测试液和其他试剂无色时，可用不加被测试液的显色剂溶液作参比溶液。

（3）如果显色剂无颜色，而被测试液中存在其他有色离子，可用不加显色剂的被测试液作参比溶液。

（4）如果显色剂和被测试液均有颜色，可将一份试液加入适当的掩蔽剂，将被测组分掩蔽起来，使之不再与显色剂作用，而显色剂和其他试剂均按照操作手续加入，以此作为参比溶液，这样可以消除显色剂和一些共存组分的干扰。

五、吸光光度分析法及仪器

（一）吸光光度法

1. 单一组分的测定

分光光度法测定单一组分的方法通常采用工作曲线法和比较法。

（1）工作曲线法

工作曲线法又称标准曲线法。测定时，首先配制一系列（通常 5 个）浓度不同的标准有色溶液，然后使用相同厚度的吸收池，在一定波长下分别测其吸光度。以标准溶液的浓度为横坐标，以相应的吸光度为纵坐标制图，所得曲线称为标准曲线或工作曲线。然后用同样的方法，在相同的条件下测定试液的吸光度，从工作曲线上查得其浓度或含量。该方法适用于大批试样的分析。

（2）标准对照法

标准对照法又称为比较法。该方法只需一个标准溶液，在相同条件下使标准溶液和被测试液显色，然后在相同条件下分别测其吸光度。设标准溶液和被测试液的浓度分别为 c_s 和 c_x，吸光度分别为 A_s 和 A_x。

根据朗伯-比尔定律：

$$A_s = \varepsilon_s b_s c_s，\quad A_x = \varepsilon_x b_x c_x$$

$$\frac{A_s}{A_x} = \frac{\varepsilon_s b_s c_s}{\varepsilon_x b_x c_x}$$

两式相比，由于标准溶液与被测试液性质一致、温度一致、入射光波长一致，且测定时使用相同吸收池，所以 $\varepsilon_s = \varepsilon_x$，$b_s = b_x$，则

$$\frac{A_s}{A_x} = \frac{c_s}{c_x}$$

即
$$c_x = c_s \frac{A_x}{A_s}$$

该方法适用于个别试样的测定。测定时，应使标准溶液与被测试液的浓度相近，否则会引起较大的误差。

2. 多组分同时测定

多组分测定一般用解联立方程法。

吸光度具有加和性，即混合物总的吸光度等于混合物中各组分的吸光度之和。所以可采用解联立方程法求得混合物中各组分的含量。假定溶液中同时存在两种组分 x 和 y，根据吸收峰相互干扰的情况，可按下列两种情况进行定量测定。

（1）吸收曲线不重叠　在 x 的吸收峰 λ_1^x 处 y 没有吸收，而在 y 的吸收峰 λ_2^y 处 x 没有吸收，见图 7-3（a），则可分别在 λ_1^x，λ_2^y 处用单一物质的定量分析方法测定组分 x 和 y，而相互无干扰。

（2）吸收曲线相重叠　如图 7-3（b），溶液中的 x、y 两组分相互干扰。这时，可在波长 λ_1^x 和 λ_2^y 处分别测出 x，y 两组分的总吸收光度 A_1 和 A_2，然后根据吸收光度的加和性列联立方程

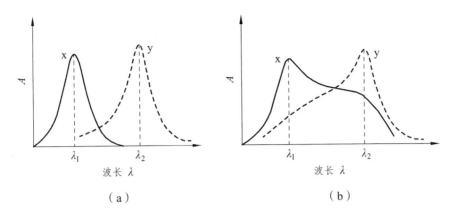

图 7-3　多组分的吸收曲线

$$\begin{cases} A_1=\varepsilon_1^x bc(x)+\varepsilon_1^y bc(y) \\ A_2=\varepsilon_2^x bc(x)+\varepsilon_2^y bc(y) \end{cases}$$

式中　　ε_1^x，ε_1^y，ε_2^x，ε_2^y——x、y 组分在 λ_1、λ_2 波长处的摩尔吸光系数，可由已知准确浓度纯组分 x 和纯组分 y 在 λ_1、λ_2 处测得；

　　　　A_1，A_2——在波长 λ_1、λ_2 处测得的混合物的总吸光度值；

　　　　$c(x)$，$c(y)$——x、y 的浓度；

　　　　b——比色皿光程。

在实际应用中，常限于 2~3 个组分体系，对于更复杂的多组分体系，可由计算机处理测定结果。

（二）分光光度计

1. 分光光度计的分类

分光光度计一般按波长范围可分为可见分光光度计（420~760 nm），紫外、可见和近红外分光光度计（200~1000 nm），红外分光光度计（760~400 000 nm）。紫外、可见分光光度计主要应用于无机物和有机物含量测定，红外分光光度计主要用于结构分析。

2. 分光光度计的结构

光度计通常由光源、单色器、吸收池、检测器及信号显示系统等五部分组成，其结构示意图如图 7-4 所示。

图 7-4　分光光度计结构示意图

（1）光源

光源的作用是在仪器操作所需的光谱区域内能发射连续具有足够强度和稳定的光。常见的有钨丝灯和氢灯（两种），其中钨丝灯作为可见光区的连续光源，氢灯、重氢灯常用作紫外光区的连续光源。

为了保持光源强度的稳定，以获得准确的测定结果，必须保持电源电压稳定，因此常采用晶体管稳压电源供电。

（2）单色器

单色器的作用是将光源发出的连续光谱分解并从中分出任意一种所需波长的单色光。单色器一般用棱镜单色器，它由棱镜、狭缝及透镜系统组成。棱镜的作用是利用色散原理将连续光谱分散为单色光。狭缝和透镜系统的作用是控制光的方向、调节光的强度和取出所需要的单色光，狭缝的宽度在一定范围内对单色光的纯度起着调节作用。

（3）吸收池

吸收池又叫比色皿，其作用是在测定时用来盛放被测溶液和参比溶液。吸收池有玻璃和石英两种。玻璃池用于可见光区，石英池可用于紫外光区和可见光区。最常用的是方形吸收池，其底和两侧为磨毛玻璃，另两面为透光面，两透光面之间的距离即为"透光厚度"（或称"光程"）。在使用比色皿时应注意保护其透光面，不能直接用手指接触，不得将透光面与硬物或脏物接触，否则将影响透光度。

（4）检测器

检测器的功能是检测光信号，实际应用中常用光电检测器。常用光电检测器是将光信号转换为电信号的装置。其基本结构如图 7-5 所示。

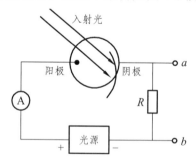

图 7-5　光电检测器结构

光电管由两个电极组成，阳极通常是一个镍环或镍片，阴极为一金属片上涂一层对光敏感的碱土金属，光敏物质在光线照射下可以放出电子，当光电管的两极与一个电池相连时，由阴极放出的电子在电场作用下流向阳极，形成光电流，

· 126 ·

其大小与照射光的强度成正比。当一束单色光经过吸收池中的有色溶液吸收后，光的强度减弱，透过光照射在光电管上。吸收程度越大，照射在光电管上的光越弱，产生的光电流越小；反之越大。

（5）信号显示系统

光电管输出的电信号很弱，需要经过放大才能以某种方式将测量结果显示出来，信号处理过程也会包含一些数学运算。显示器可由电表指示、数字显示、荧光屏显示、结果打印及曲线扫描等。显示方式一般有透光率与吸光度两种，有的还可转换成浓度、吸光系数等。现代分光光度计一般配有电脑或相关数字接口，以便操作控制和信息处理。

任务九　水中色度的测定

❖ 任务描述 ❖

用氯铂酸钾和氯化钴配制颜色标准溶液，与被测样品进行目视比较，以测定样品的颜色强度，即色度。

❖ 实施方法及步骤 ❖

1. 试　剂

（1）光学纯水：将 0.2 μm 滤膜（细菌学研究中所采用的）在 100 mL 蒸馏水或去离子水中浸泡 1 h，用它过滤 250 mL 蒸馏水或去离子水，弃去最初的 250 mL，以后用这种水配制全部标准溶液并作为稀释水。

（2）色度标准储备液，相当于 500 度：将（1.245±0.001）g 六氯铂（Ⅳ）酸钾（K_2PtCl_6）及（1.000±0.001）g 六水氯化钴（Ⅱ）（$CoCl_2 \cdot 6H_2O$）溶于约 500 mL 水中，加（100±1）mL 盐酸（$\rho=1.18g \cdot mL^{-1}$），并在 1000 mL 的容量瓶内用水稀释至标线。

将溶液放在密封的玻璃瓶中，存放在暗处，温度不能超过 30 ℃。此溶液至少能稳定 6 个月。

（3）色度标准溶液：在一组 250mL 的容量瓶中，用移液管分别加入 2.50 mL、5.00 mL、7.50 mL、10.00 mL、12.50 mL、15.00 mL、17.50 mL、20.00 mL、30.00 mL 及 35.00 mL 储备液，并用水稀释至标线。溶液色度分别为 5 度、10 度、15 度、

20度、25度、30度、35度、40度、50度、60度和70度。

溶液放在严密盖好的玻璃瓶中，存放于暗处。温度不能超过30℃。这些溶液至少可稳定1个月。

2. 实验仪器

常用实验室仪器和以下仪器。

（1）具塞比色管，50 mL。规格一致，光学透明玻璃底部无阴影。

（2）pH计，精度±0.1pH单位。

（3）容量瓶，250 mL。

3. 采样和样品

所有与样品接触的玻璃器皿都要用盐酸或表面活性剂溶液加以清洗，最后用蒸馏水或去离子水洗净、沥干。

将样品采集在容积至少为1 L的玻璃瓶内，在采样后要尽早进行测定。如果必须贮存，则将样品贮于暗处。在有些情况下还要避免样品与空气接触。同时要避免温度的变化。

4. 操作步骤

（1）试料

将样品倒入250 mL（或更大）量筒中，静置15 min，倾取上层液体作为试料进行测定。

（2）测定

将一组具塞比色管用色度标准溶液充至标线。将另一组具塞比色管用试料充至标线。

将具塞比色管放在白色表面上，比色管与该表面应呈合适的角度，使光线被反射自具塞比色管底部向上通过液柱。

垂直向下观察液柱，找出与试料色度最接近的标准溶液。

若色度≥70度，用光学纯水将试料适当稀释后，使色度落入标准溶液范围之中再行测定。

另取试料测定pH值。

5. 结果的表示

以色度的标准单位报告与试料最接近的标准溶液的值，在0~40度（不包括40度）的范围内，准确到5度。40~70度范围内，准确到10度。

在报告样品色度的同时报告 pH 值。

稀释过的样品色度（A_0），以度计，用下式计算：

$$A_0 = \frac{V_1}{V_0} A_1$$

式中　　V_1——样品稀释后的体积，mL；

V_0——样品稀释前的体积，mL；

A_1——稀释样品色度的观察值，度。

任务十　水中氨氮的测定

❖ 任务描述 ❖

以游离态的氨或铵离子等形式存在的氨氮与纳氏试剂反应生成淡红棕色配合物，该配合物的吸光度与氨氮含量成正比，于波长 420 nm 处测量吸光度。

水样中含有悬浮物、余氯、钙镁等金属离子、硫化物和有机物时会产生干扰，因此含有此类物质时要作适当处理，以消除对测定的影响。

若样品中存在余氯，可加入适量的硫代硫酸钠溶液去除，用淀粉-碘化钾试纸检验余氯是否除尽。在显色时加入适量的酒石酸钾钠溶液，可消除钙镁等金属离子的干扰。若水样浑浊或有颜色时可用预蒸馏法或絮凝沉淀法处理。

❖ 实施方法及步骤 ❖

1. 试剂和材料

除非另有说明，分析时所用试剂均使用符合国家标准的分析纯化学试剂，实验用水为无氨水。

（1）无氨水，在无氨环境中用下述方法之一制备。

① 离子交换法：蒸馏水通过强酸性阳离子交换树脂（氢型）柱，将流出液收集在带有磨口玻璃塞的玻璃瓶内。每升流出液加 10 g 同样的树脂，以利于保存。

② 蒸馏法：在 1000 mL 的蒸馏水中，加 0.1 mL 硫酸（$\rho = 1.84\ \text{g} \cdot \text{mL}^{-1}$），在全玻璃蒸馏器中重蒸馏，弃去前 50 mL 馏出液，然后将约 800 mL 馏出液收集在带有磨口玻璃塞的玻璃瓶内。每升馏出液加 10 g 强酸性阳离子交换树脂（氢型）。

③ 纯水器法：用市售纯水器临用前制备。

（2）轻质氧化镁（MgO）：不含碳酸盐，在 500 ℃ 下加热氧化镁，以除去碳酸盐。

（3）盐酸，$\rho(HCl)=1.18\ g\cdot mL^{-1}$。

（4）纳氏试剂，可选择下列方法的一种配制。

① 氯化汞-碘化钾-氢氧化钾（$HgCl_2$-KI-KOH）溶液

称取 15.0 g 氢氧化钾（KOH），溶于 50 mL 水中，冷却至室温。

称取 5.0 g 碘化钾（KI），溶于 10 mL 水中，在搅拌下，将 2.50 g 氯化汞（$HgCl_2$）粉末分多次加入碘化钾溶液中，直到溶液呈深黄色或出现淡红色沉淀且溶解缓慢时，充分搅拌混合，并改为滴加氯化汞饱和溶液，当出现少量朱红色沉淀且不再溶解时，停止滴加。

在搅拌下，将冷却的氢氧化钾溶液缓慢地加入上述氯化汞和碘化钾的混合液中，并稀释至 100 mL，于暗处静置 24 h，倾出上清液，贮于聚乙烯瓶内，用橡皮塞或聚乙烯盖子盖紧，存放暗处，可稳定 1 个月。

② 碘化汞-碘化钾-氢氧化钠（HgI_2-KI-NaOH）溶液

称取 16.0 g 氢氧化钠（NaOH），溶于 50 mL 水中，冷却至室温。

称取 7.0 g 碘化钾（KI）和 10.0 g 碘化汞（HgI_2），溶于水中，然后将此溶液在搅拌下，缓慢加入上述 50 mL 氢氧化钠溶液中，用水稀释至 100 mL。贮于聚乙烯瓶内，用橡皮塞或聚乙烯盖子盖紧，于暗处存放，有效期 1 年。

（5）酒石酸钾钠溶液（$\rho=500\ g\cdot L^{-1}$）：称取 50.0 g 酒石酸钾钠（$KNaC_4H_6O_6\cdot 4H_2O$）溶于 100 mL 水中，加热煮沸以驱除氨，充分冷却后稀释至 100 mL。

（6）硫代硫酸钠溶液（$\rho=3.5\ g\cdot L^{-1}$）：称取 3.5 g 硫代硫酸钠（$Na_2S_2O_3$）溶于水中，稀释至 1000 mL。

（7）硫酸锌溶液（$\rho=100\ g\cdot L^{-1}$）：称取 10.0 g 硫酸锌（$ZnSO_4\cdot 7H_2O$）溶于水中，稀释至 100 mL。

（8）氢氧化钠溶液（$\rho=250\ g\cdot L^{-1}$）：称取 25 g 氢氧化钠溶于水中，稀释至 100 mL。

（9）氢氧化钠溶液[$c(NaOH)=1\ mol\cdot L^{-1}$]：称取 4 g 氢氧化钠溶于水中，稀释至 100 mL。

（10）盐酸[$c(HCl)=1\ mol\cdot L^{-1}$]：量取 8.5 mL 盐酸（$\rho=1.18\ g\cdot mL^{-1}$）于适量水中用水稀释至 100 mL。

（11）硼酸（H_3BO_3）溶液（$\rho=20\ g\cdot L^{-1}$）：称取 20 g 硼酸溶于水，稀释至 1 L。

（12）溴百里酚蓝指示剂（bromthymol blue，$\rho=0.5\ g\cdot L^{-1}$）：称取 0.05 g 溴百里酚蓝溶于 50 mL 水中，加入 10 mL 无水乙醇，用水稀释至 100 mL。

（13）淀粉-碘化钾试纸：称取 1.5 g 可溶性淀粉于烧杯中，用少量水调成糊状，加入 200 mL 沸水，搅拌混匀放冷。加 0.50 g 碘化钾（KI）和 0.50 g 碳酸钠（Na_2CO_3），用水稀释至 250 mL。将滤纸条浸渍后，取出晾干，于棕色瓶中密封保存。

（14）氨氮标准溶液

① 氨氮标准贮备溶液（ρ_N =1000 μg·mL^{-1}）：称取 3.8190 g 氯化铵（NH$_4$Cl，优级纯，在 100～105 ℃ 干燥 2 h），溶于水中，移入 1000 mL 容量瓶中，稀释至标线，可在 2～5 ℃ 保存 1 个月。

② 氨氮标准工作溶液（ρ_N=10 μg·mL^{-1}）：吸取 5.00 mL 氨氮标准贮备溶液于 500 mL 容量瓶中，稀释至刻度。临用前配制。

2. 仪器和设备

（1）可见分光光度计：具 20 mm 比色皿。

（2）氨氮蒸馏装置：由 500 mL 凯式烧瓶、氮球、直形冷凝管和导管组成，冷凝管末端可连接一段适当长度的滴管，使出口尖端浸入吸收液液面下。也可使用 500 mL 蒸馏烧瓶。

3. 样 品

（1）样品采集与保存

水样采集在聚乙烯瓶或玻璃瓶内，要尽快分析。如需保存，应加硫酸使水样酸化至 pH＜2，2～5 ℃ 下可保存 7 d。

（2）样品的预处理

① 去除余氯

若样品中存在余氯，可加入适量的硫代硫酸钠溶液去除。每加 10.5 mL 可去除 0.25 mg 余氯。用淀粉-碘化钾试纸检验余氯是否除尽。

② 絮凝沉淀

100 mL 样品中加入 1 mL 硫酸锌溶液和 0.1～0.2 mL 氢氧化钠溶液，调节 pH 值约为 10.5，混匀，放置使之沉淀，倾取上清液分析。必要时，用经水冲洗过的中速滤纸过滤，弃去初滤液 20 mL。也可对絮凝后样品离心处理。

③ 预蒸馏

将 50 mL 硼酸溶液移入接收瓶内，确保冷凝管出口在硼酸溶液液面之下。分取 250 mL 样品，移入烧瓶中，加几滴溴百里酚蓝指示剂，必要时，用氢氧化钠溶液或盐酸调整 pH 值至 6.0（指示剂呈黄色）～7.4（指示剂呈蓝色），加入 0.25 g 轻质氧化镁及数粒玻璃珠，立即连接氮球和冷凝管。加热蒸馏，使馏出液速率约为 10 mL·min^{-1}，待馏出液达 200 mL 时，停止蒸馏，加水定容至 250 mL。

4. 分析步骤

（1）标准曲线

在 8 个 50 mL 比色管中，分别加入 0.00 mL、0.50 mL、1.00 mL、2.00 mL、

4.00 mL、6.00 mL、8.00 mL 和 10.00 mL 氨氮标准工作溶液，其所对应的氨氮含量分别为 0.0 μg、5.0 μg、10.0 μg、20.0 μg、40.0 μg、60.0 μg、80.0 μg 和 100 μg，加水至标线。加入 1.0 mL 酒石酸钾钠溶液，摇匀，再加入纳氏试剂①1.5 mL 或② 1.0 mL，摇匀。放置 10 min 后，在波长 420 nm 下，用 20 mm 比色皿，以水为参比，测量吸光度。

以空白校正后的吸光度为纵坐标，以其对应的氨氮含量（μg）为横坐标，绘制标准曲线。

注：根据待测样品的质量浓度也可选用 10 mm 比色皿。

（2）样品测定

① 清洁水样：直接取 50 mL，按与标准曲线相同的步骤测量吸光度。

② 有悬浮物或色度干扰的水样：取经预处理的水样 50 mL（若水样中氨氮质量浓度超过 2 mg·L^{-1}，可适当少取水样体积），按与标准曲线相同的步骤测量吸光度。

注：经蒸馏或在酸性条件下煮沸方法预处理的水样，须加一定量氢氧化钠溶液，调节水样至中性，用水稀释至 50 mL 标线，再按与标准曲线相同的步骤测量吸光度。

（3）空白试验

用水代替水样，按与样品相同的步骤进行前处理和测定。

5. 实验数据记录及结果计算

（1）标准曲线数据记录（表 7-4）

表 7-4　标准曲线数据记录

氨氮标准溶液（10 μg·mL^{-1}）	1	2	3	4	5	6	7	8
加入量/mL								
氨氮含量/μg								
吸光度 A								
标准曲线方程					相关系数			

（2）水样氨氮测定数据记录（表 7-5）

表 7-5　水样氨氮测定数据记录

水样编号	空白	1	2	3
吸光度 A				
氨氮含量/μg				
氨氮浓度/mg·L^{-1}				
浓度均值/mg·L^{-1}				

水中氨氮的质量浓度按下式计算：

$$c=\frac{m}{V}$$

式中　　c—— 水样中氨氮的质量浓度（以 N 计），$mg \cdot L^{-1}$；

　　　　m——标准曲线查得的试样含氨氮量，μg；

　　　　V——分析时取试样体积，mL。

任务十一　氟化物的测定

❖ 任务描述 ❖

氟离子在 pH 值为 4.1 的乙酸盐缓冲介质中与氟试剂及硝酸镧反应生成蓝色三元配合物，配合物在 620 nm 波长处的吸光度与氟离子浓度成正比，定量测定氟化物（F^-）。

❖ 实施方法及步骤 ❖

1. 试剂和材料

本标准所用试剂除非另有说明，分析时均使用符合国家标准的分析纯试剂，实验用水为新制备的去离子水或无氟蒸馏水。

（1）盐酸（$c=1 \ mol \cdot L^{-1}$）：取 8.4 mL 浓盐酸溶于 100 mL 去离子水中。

（2）氢氧化钠溶液（$c=1 \ mol \cdot L^{-1}$）：称取 4 g 氢氧化钠溶于 100 mL 去离子水中。

（3）丙酮（CH_3COCH_3）。

（4）硫酸（H_2SO_4，$\rho_{20}=1.84 \ g \cdot mL^{-1}$）：取 300 mL 浓硫酸放入 500 mL 烧杯中，置电热板上微沸 1 h，冷却后装入瓶中备用。

（5）冰乙酸（CH_3COOH）。

（6）氟化物标准贮备液：称取已于 105 ℃ 烘干 2 h 的优级纯氟化钠（NaF）0.2210 g 溶于去离子水中，定量移入 1000 mL 量瓶中，稀释至标线，混匀贮于聚乙烯瓶中备用，此溶液每毫升含氟 100 μg。

（7）氟化物标准使用液：吸取氟化钠标准贮备液 20.00 mL，移入 1000 mL 容量瓶，用去离子水稀释至标线，贮于聚乙烯瓶中，此溶液每毫升含氟 2.00 μg。

（8）氟试剂溶液（$c=0.001\ mol\cdot L^{-1}$）：称取 0.193 g 氟试剂[3-甲基胺-茜素-二乙酸，简称 ALC，$C_{14}H_7O_4\cdot CH_2N(CH_2COOH)_2$]，加 5 mL 去离子水湿润，滴加氢氧化钠溶液使其溶解，再加 0.125 g 乙酸钠（$CH_3COONa\cdot 3H_2O$），用盐酸调节 pH 至 5.0，用去离子水稀释至 500 mL，贮于棕色瓶中。

（9）硝酸镧溶液（$c=0.001\ mol\cdot L^{-1}$）：称取 0.443 g 硝酸镧[$La(NO_3)_3\cdot 6H_2O$]，用少量盐酸溶解，以 1 $mol\cdot L^{-1}$ 乙酸钠溶液调节 pH 值为 4.1，用去离子水稀释至 1000 mL。

（10）缓冲溶液（pH=4.1）：称取 35 g 无水乙酸钠（CH_3COONa）溶于 800 mL 去离子水中，加 75 mL 冰乙酸（CH_3COOH），用去离子水稀释至 1000 mL，用乙酸或氢氧化钠溶液在 pH 计上调节 pH 值为 4.1。

（11）混合显色剂：取氟试剂溶液、缓冲溶液、丙酮及硝酸镧溶液，按体积比 3∶1∶3∶3 混合即得。临用时配制。

2. 仪器和设备

（1）分光光度计：光程 30 mm 或 10 mm 的比色皿。
（2）pH 计。

3. 干扰及消除

在含 5 μg 氟化物的 25 mL 显色液中，存在下述离子超过下列含量，对测定有干扰，应先进行预蒸馏：Cl^- 30 mg；SO_4^{2-} 5.0 mg；NO_3^- 3.0 mg；Mg^{2+} 2.0 mg；NH_4^+ 1.0 mg；Ca^{2+} 0.5 mg。

4. 样　品

（1）采集与保存：测定氟化物的水样，应用聚乙烯瓶收集和贮存。
（2）试样的制备
除非证明试样的预处理是不必要的，可直接制备试样进行比色，否则应进行预蒸馏处理。

5. 分析步骤

（1）标准曲线
于 6 个 25.0 mL 容量瓶中分别加入氟化物标准溶液 0.00 mL、1.00 mL、2.00 mL、4.00 mL、6.00 mL、8.00 mL，加去离子水至 10 mL，准确加入 10.0 mL 混合显色剂，用去离子水稀释至刻度，摇匀，放置 30 min。用 30 mm 或 10 mm 比色皿于 620 nm 波长处，以纯水为参比，测定吸光度。扣除试剂空白（零浓度）吸光度，以氟化物含量对吸光度作图，即得标准曲线。

（2）测定

准确吸取 1.00～10.00 mL 试样（视水中氟化物含量而定）置于 25.0 mL 容量瓶中，加去离子水至 10 mL，准确加入 10.0 mL 混合显色剂，用去离子水稀释至刻度，摇匀。重复上述（1）操作。经空白校正后，由吸光度值在标准曲线上查得氟化物（F⁻）含量。

（3）空白试验

用水代替试样，按测定样品步骤进行测定。

6 实验数据记录及结果计算

表 7-6 标准曲线数据记录

氟化物标准溶液（2 µg · mL⁻¹）	1	2	3	4	5	6
加入量/mL						
氟化物（F⁻）含量/µg						
吸光度 A						
标准曲线方程			相关系数			

表 7-7 水样氟化物（F⁻）测定数据记录

水样编号	空白	1	2	3
吸光度 A				
氟化物含量/µg				
氟化物浓度/mg · L⁻¹				
浓度均值/mg · L⁻¹				

试样中氟化物（F⁻）质量浓度按下式计算（计算结果精确到小数点后两位）：

$$c = \frac{m}{V}$$

式中：c—— 试样中氟化物（F⁻）质量浓度，mg · L⁻¹；

m——标准曲线查得的试样含氟量，µg；

V—— 分析时取试样体积，mL。

任务十二　总磷的测定

❖ 任务描述 ❖

在中性条件下用过硫酸钾（或硝酸-高氯酸）使试样消解，将所含磷全部氧化为正磷酸盐。在酸性介质中，正磷酸盐与钼酸铵反应，在锑盐存在下生成磷钼杂多酸后，立即被抗坏血酸还原，生成蓝色的配合物。

❖ 实施方法及步骤 ❖

1. 试　剂

（1）浓硫酸（H_2SO_4），$\rho=1.84$ g $\cdot$ mL^{-1}。

（2）硝酸（HNO_3），$\rho=1.4$ g $\cdot$ mL^{-1}。

（3）高氯酸（$HClO_4$），优级纯，$\rho=1.68$ g $\cdot$ mL^{-1}。

（4）硫酸（H_2SO_4），1+1。

（5）稀硫酸，约 $c(1/2H_2SO_4)=1$ mol $\cdot$ L^{-1}：将 27 mL 硫酸加入 973 mL 水中。

（6）氢氧化钠（NaOH），1 mol $\cdot$ L^{-1} 溶液：将 40 g 氢氧化钠溶于水并稀释至1000 mL。

（7）氢氧化钠（NaOH），6 mol $\cdot$ L^{-1} 溶液：将 240 g 氢氧化钠溶于水并稀释至1000 mL。

（8）过硫酸钾溶液（50 g $\cdot$ L^{-1}）：将 5 g 过硫酸钾（$K_2S_2O_8$）溶解于水，并稀释至 100 mL。

（9）抗坏血酸溶液（100 g $\cdot$ /L^{-1}）：溶解 10 g 抗坏血酸（$C_6H_8O_6$）于水中，并稀释至 100 mL。

此溶液贮于棕色的试剂瓶中，在冷处可稳定几周。如不变色可长时间使用。

（10）钼酸盐溶液：溶解 13 g 钼酸铵[$(NH_4)_8Mo_7O_{24} \cdot 4H_2O$]于 100 mL 水中。溶解 0.35 g 酒石酸锑钾（$KSbC_4H_4O_7 \cdot H_2O$）于 100 mL 水中。在不断搅拌下把钼酸铵溶液徐徐加到 300 mL 1+1 硫酸中，加酒石酸锑钾溶液并且混合均匀。

此溶液贮存于棕色试剂瓶中，在冷处可保存两个月。

（11）浊度-色度补偿液：混合两体积 1+1 硫酸和一体积抗坏血酸溶液。使用当天配制。

（12）磷标准贮备溶液：称取（0.2197±0.001）g 于 110 °C 干燥 2 h 并在干燥器中放冷的磷酸二氢钾（KH$_2$PO$_4$），用水溶解后定量转移至 1000 mL 容量瓶中，加入大约 800 mL 水，加 5 mL 1+1 硫酸，用水稀释至标线并混匀。此标准贮备溶液磷的浓度为 50.0 μg·mL^{-1}。

本溶液在玻璃瓶中可贮存至少 6 个月。

（13）磷标准使用溶液：将 10.0 mL 的磷标准贮备溶液转移至 250 mL 容量瓶中，用水稀释至标线并混匀。1.00 mL 此标准溶液磷的浓度为 2.0 μg·mL^{-1}。

使用当天配制。

（14）酚酞溶液（10g·L^{-1}）：0.5 g 酚酞溶于 50 mL 95%乙醇中。

2. 仪　器

实验室常用仪器设备和下列仪器。

（1）医用手提式蒸气消毒器或一般压力锅（1.08×10^5～1.37×10^5 Pa）。

（2）50 mL 具塞（磨口）刻度管。

（3）分光光度计。

注：所有玻璃器皿均应用稀盐酸或稀硝酸浸泡。

3. 采样和样品

（1）采取 500 mL 水样后加入 1 mL 浓硫酸调节样品的 pH 值，使之低于或等于 1，或不加任何试剂于冷处保存。

注：含磷量较少的水样，不要用塑料瓶采样，因磷酸盐易吸附在塑料瓶壁上。

（2）试样的制备

取 25 mL（1）中样品于具塞刻度管中。取时应仔细摇匀，以得到溶解部分和悬浮部分均具有代表性的试样。如样品中含磷浓度较高，试样体积可以减少。

4. 分析步骤

（1）空白试样

按（2）的规定进行空白试验，用水代替试样，并加入与测定时相同体积的试剂。

（2）测定

① 消解

a. 过硫酸钾消解：向上述（2）制备好的试样中加 4 mL 过硫酸钾，将具塞刻度管的盖塞紧后用一小块布和线将玻璃塞扎紧（或用其他方法固定），放在大烧杯中置于高压蒸气消毒器中加热，待压力达 1.08×10^5 Pa，相应温度为 120 °C 时，保持 30 min 后停止加热。待压力表读数降至零后，取出放冷。然后用水稀释至标线。

注：如用硫酸保存水样。当用过硫酸钾消解时，需先将试样调至中性。

b. 硝酸-高氯酸消解：取 25 mL 上述（1）中试样于锥形瓶中，加数粒玻璃珠. 加 2 mL 硝酸在电热板上加热浓缩至 10 mL。冷后加 5 mL 硝酸，再加热浓缩至 10 mL，放冷。加 3 mL 高氯酸，加热至高氯酸冒白烟，此时可在锥形瓶上加小漏斗或调节电热板温度，使消解液在锥形瓶内壁保持回流状态，直至剩下 3～4 mL，放冷。加水 10 mL，加 1 滴酚酞指示剂。滴加氢氧化钠溶液（1 mol·L^{-1}或 6 mol·L^{-1}）至刚呈微红色，再滴加稀硫酸使微红刚好退去，充分混匀。移至具塞刻度管中，用水稀释至标线。

注：a. 用硝酸-高氯酸消解需要在通风橱中进行。高氯酸和有机物的混合物经加热易发生危险，需将试样先用硝酸消解，然后再加入硝酸-高氯酸进行消解。

b. 绝不可把消解的试样蒸干。

c. 如消解后有残渣时，用滤纸过滤于具塞刻度管中，并用水充分清洗锥形瓶及滤纸，一并移到具塞刻度管中。

d. 水样中的有机物用过硫酸钾氧化不能完全破坏时，可用此法消解。

② 发色

分别向各份消解液中加入 1 mL 抗坏血酸溶液混匀，30 s 后加 2 mL 钼酸盐溶液充分混匀。

注：a. 如试样中含有浊度或色度时，需配制一个空白试样（消解后用水稀释至标线）然后向试料中加入 3 mL 浊度-色度补偿液，但不加抗坏血酸溶液和钼酸盐溶液。然后从试料的吸光度中扣除空白试料的吸光度。

b. 砷大于 2 mg·L^{-1}干扰测定时，用硫代硫酸钠去除。硫化物大于 2 mg·L^{-1}干扰测定时，可通氮气去除。铬大于 50 mg·L^{-1}干扰测定时，用亚硫酸钠去除。

（3）分光光度测量

将处理后的水样室温下放置 15 min 后，使用光程为 30 mm 比色皿，在 700 nm 波长下，以水做参比，测定吸光度。扣除空白试验的吸光度后，从标准曲线上查得磷的含量。

注：如显色时室温低于 13 ℃，可在 20～30 ℃ 水浴上显色 15 min 即可。

（4）标准曲线的绘制

取 7 支具塞刻度管分别加入 0.0 mL，0.50 mL，1.00 mL，3.00 mL，5.00 mL，10.0 mL，15.0 mL 磷酸盐标准溶液。加水至 25 mL。然后按上述测定步骤进行处理。以水作为参比，测定吸光度。扣除空白试验的吸光度后，和对应的磷的含量绘制标准曲线。

5. 实验数据记录及结果计算

表 7-8　标准曲线数据记录

磷酸盐标准溶液编号	1	2	3	4	5	6	7
加入的体积/mL							
磷含量/μg							
吸光度 A							
标准曲线方程				相关系数			

表 7-9　水样总磷测定数据记录

水样编号	空白	1	2	3
吸光度 A				
总磷含量/μg				
总磷浓度/mg·L^{-1}				
浓度均值/mg·L^{-1}				

总磷浓度以 c（mg·L^{-1}）表示，按下式计算：

$$c = \frac{m}{V}$$

式中　　m——试样测得的含磷量，μg；

V——测定用试样体积，mL。

任务十三　水中总氮的测定

❖ **任务描述** ❖

在 60 ℃ 以上水溶液中，过硫酸钾可分解产生硫酸氢钾和原子态氧，硫酸氢钾在溶液中离解而产生氢离子，故在氢氧化钠的碱性介质中可促使分解过程趋于完全。

分解出的原子态氧在 120 ~ 124 ℃ 条件下，可使水样中含氮化合物的氮元素转化为硝酸盐。并且在此过程中有机物同时被氧化分解。可用紫外分光光度法于波长 220 nm 和 275 nm 处，分别测出吸光度 A_{220} 及 A_{275} 按下式求出校正吸光度 A：

$$A = A_{220} - 2A_{275} \tag{7-5}$$

按 A 的值查标准校准曲线并计算总氮（以 $NO_3\text{-}N$ 计）含量。

❖ 实施方法及步骤 ❖

1. 试剂和材料

除非另有说明外，分析时均使用符合国家标准或专业标准的分析纯试剂。

（1）水，无氨。按下述方法之一制备：

① 离子交换法：将蒸馏水通过一个强酸型阳离子交换树脂（氢型）柱，流出液收集在带有密封玻璃盖的玻璃瓶中。

② 蒸馏法：在 1000 mL 蒸馏水中，加入 0.10 mL 硫酸（ρ=1.84 g·mL^{-1}）。并在全玻璃蒸馏器中重蒸馏，弃去前 50 mL 馏出液，然后将馏出液收集在带有玻璃塞的玻璃瓶中。

（2）氢氧化钠溶液，200 g·L^{-1}：称取 20 g 氢氧化钠（NaOH），溶于无氨水中，稀释至 100 mL。

（3）氢氧化钠溶液，20 g·L^{-1}：将上述（2）中溶液稀释 10 倍而得。

（4）碱性过硫酸钾溶液：称取 40 g 过硫酸钾（K$_2$S$_2$O$_8$），另称取 15 g 氢氧化钠（NaOH），溶于无氨水中，稀释至 1000mL，溶液存放在聚乙烯瓶内，最长可贮存一周。

（5）盐酸：1+9。

（6）硝酸钾标准溶液。

① 硝酸钾标准贮备液，c(N)=100 mg·L^{-1}：硝酸钾（KNO$_3$）在 105~110 °C 烘箱中干燥 3 h，在干燥器中冷却后，称取 0.7218 g，溶于无氨水中，移至 1000 mL 容量瓶中，用无氨水稀释至标线。在 0~10 °C 暗处保存，或加入 1~2 mL 三氯甲烷保存，可稳定 6 个月。

② 硝酸钾标准使用液，c(N)=10 mg·L^{-1}：将贮备液用无氨水稀释 10 倍而得。使用时配制。

（7）硫酸：1+35。

2. 仪器和设备

（1）常用实验室仪器和下列仪器。

（2）紫外分光光度计及 10 mm 石英比色皿。

（3）医用手提式蒸气灭菌器或家用压力锅（压力为 1.08×10^5~1.37×10^5 Pa），锅内温度相当于 120~124 °C。

（4）具玻璃磨口塞比色管，25 mL。

所用玻璃器皿可以用盐酸（1+9）或硫酸（1+35）浸泡，清洗后再用无氨水冲洗数次。

3. 样　品

（1）采样

在水样采集后立即放入冰箱中或低于 4 ℃ 的条件下保存，但不得超过 24 h。

水样放置时间较长时，可在 1000 mL 水样中加入约 0.5 mL 浓硫酸（ρ=1.84 g·mL^{-1}），酸化到 pH 值小于 2，并尽快测定。

样品可贮存在玻璃瓶中。

（2）试样的制备

取上述（1）所得样品用 20 g·L^{-1} 氢氧化钠溶液或 1+35 硫酸调节 pH 至 5 ~ 9，从而制得试样。

如果试样中不含悬浮物，按下述步骤（1）②测定，试样中含悬浮物则按（1）③步骤测定。

4. 分析步骤

（1）测定

① 用无分度吸管取 10.00 mL 试样[c(N)超过 100 μg 时，可减少取样量并加无氨水稀释至 10 mL]，置于比色管中。

② 试样不含悬浮物时，按下述步骤进行。

a. 加入 5 mL 碱性过硫酸钾溶液，塞紧磨口塞，用布及绳等方法扎紧瓶塞，以防弹出。

b. 将比色管置于医用手提蒸气灭菌器中，加热，使压力表指针达到 $1.08×10^5$ ~ $1.37×10^5$ Pa，温度达 120 ~ 124 ℃ 后开始计时。或将比色管置于家用压力锅中，加热至顶压阀吹气时开始计时。保持此温度加热半小时。

c. 冷却、开阀放气，移去外盖，取出比色管并冷至室温。

d. 加盐酸（1+9）1 mL，用无氨水稀释至 25 mL 标线，混匀。

e. 移取部分溶液至 10 mm 石英比色皿中，在紫外分光光度计上，以无氨水作参比，分别在波长为 220 nm 与 275 nm 处测定吸光度，并用式（7-5）计算出校正吸光度 A。

③ 试样含悬浮物时，先按上述（1）②中 a 至 d 步骤进行，然后待澄清后移取上清液到石英比色皿中。再按上述（1）②中 e 步骤继续进行测定。

（2）空白试验

空白试验除以 10 mL 无氨水代替试料外，采用与测定完全相同的试剂、用量和分析步骤进行平行操作。

注：当测定在接近检测限时，必须控制空白试验的吸光度 A_b 不超过 0.03，超过此值，要检查所用水、试剂、器皿和家用压力锅或医用手提灭菌器的压力。

（3）校准

① 校准系列的制备：

a. 用分度吸管向一组（10 支）比色管中，分别加入硝酸盐氮标准使用溶液 0.0 mL，0.10 mL，0.30 mL，0.50 mL，0.70 mL，1.00 mL，3.00 mL，5.00 mL，7.00 mL，10.00 mL。加无氨水稀释至 10.00 mL。

b. 按上述（1）②中 a 至 e 步骤进行测定。

② 标准曲线的绘制：

零浓度（空白）溶液和其他硝酸钾标准使用溶液制得的标准系列完成全部分析步骤，于波长 220 nm 和 275 nm 处测定吸光度后，分别按下式求出除零浓度外其他标准系列的校正吸光度 A_s 和零浓度的校正吸光度 A_b 及其差值 A_r

$$A_s=A_{s220}-2A_{s275} \qquad (7\text{-}6)$$

$$A_b=A_{b220}-2A_{b275} \qquad (7\text{-}7)$$

$$A_r=A_s-A_b \qquad (7\text{-}8)$$

式中　A_{s220}——标准溶液在 220 nm 波长的吸光度；

　　　A_{s275}——标准溶液在 275 nm 波长的吸光度；

　　　A_{b220}——零浓度（空白）溶液在 220 nm 波长的吸光度；

　　　A_{b275}——零浓度（空白）溶液在 275 nm 波长的吸光度。

按 A_r 值与相应的 NO_3-N 含量（μg）绘制标准曲线。

5. 实验数据记录及结果计算

表 7-10　标准曲线数据记录

氮盐标准溶液编号	1	2	3	4	5	6	7	8	9	10
加入量/mL										
NO_3-N 含量/μg										
A_{s220}										
A_{s275}										
A_s										
A_r										
标准曲线方程						相关系数				

表 7-11　水样总磷测定数据记录

水样编号	空白	1	2	3
吸光度 A				
NO_3-N 含量/μg				
总氮浓度/mg·L^{-1}				
浓度均值/mg·L^{-1}				

按式（7-5）和式（7-8）计算得试样校正吸光度 A_r，在校准曲线上查出相应的总氮，总氮含量（mg·L^{-1}）按下式计算：

$$c = \frac{m}{V}$$

式中　m——试样测出含氮量，μg；

　　　V——测定用试样体积，mL。

项目八　原子吸收光谱法

❖ 学习要求 ❖

（1）掌握原子吸收光谱法的基本原理和定量分析方法；

（2）熟悉实验条件的选择和干扰消除的方法；

（3）了解原子吸收分光光度法的特点。

❖ 基础知识 ❖

一、方法概述

原子吸收光谱法是基于待测元素的气态基态原子对其特征电磁辐射的吸收来测定试样中该元素含量的方法。

原子吸收光谱法具有以下特点：

（1）检出限低，灵敏度高。一般可测得 $10^{-6} \sim 10^{-13}\,\mathrm{g\cdot mL^{-1}}$。

（2）精密度高。火焰原子吸收法的相对误差可小于 1%，石墨炉原子吸收法的分析精度一般为 2% ~ 5%。

（3）方法选择性好。大多数情况下，共存元素不会对待测元素产生干扰，因此可以省去预分离的步骤。

（4）应用范围广。既能用于痕量元素的测定，又可用于常规低含量元素的测定，采用特殊的分析技术还可用于高含量或基本元素的测定。

（5）仪器操作方便，易于实现自动化，因此分析速度快。

但原子吸收光谱法的局限性表现在：常用原子化温度（3000 K 左右）对一些难熔元素测定的灵敏度较低；光源的限制使得每测一种元素要使用与之对应的空心阴极灯，一次只能测一个元素（虽然已有多元素同时测定或顺序测定的仪器出现，但目前并不普及）；对于某些复杂试样，也会存在严重的干扰。

二、基本原理

（一）原子吸收光谱的产生

原子内部客观存在着量子化电子能级。通常情况下，原子中的所有电子均占据可能的最低能级，该状态称为原子基态，比较稳定。基态原子的外层电子在热能的作用下会跃迁至较高能级，形成激发态原子，该状态不稳定，会瞬间释放能量返回基态。

当某一频率的辐射通过待测元素的基态原子蒸气且等于该元素原子基态与某激发态能量差值时（共振辐射），基态原子就会从辐射场中吸收能量发生跃迁，造成该辐射强度的减弱，从而产生吸收光谱，所对应的谱线称为共振吸收线。原子存在多种激发状态，因此每种元素均存在多条共振吸收线，原则上都可以用来进行元素的定量分析，但在实际测定中，通常选择第一共振吸收线，即原子的外层电子从基态跃迁至第一激发态（能量最低的激发态）时所对应的吸收谱线作为分析线，以获得最高的灵敏度。

各元素的原子核及外层电子的排布不同，元素的外层电子从基态跃迁至激发态时吸收的能量也不同，因此各元素的共振吸收频率是不同而且确定的（具有元素特征性）。当某元素的共振辐射通过含有该元素的混合原子蒸气时，仅能被该元素所吸收，这就是原子吸收光谱法选择性高的原因。

（二）原子吸收谱线的轮廓

原子吸收谱线是对应于两个确定能级之间的跃迁。其频率可通过下列公式求得：

$$\nu = \frac{\Delta E}{h} \tag{8-1}$$

式中　ΔE ——激发态与基态能量差值；

　　　h——普朗克常数。

但实际上原子吸收谱线并不是一条严格几何意义上的线，而是具有一定宽度的谱线。其形状如图 8-1 所示。

图中 ν_0 为吸收线的中心频率，I_0 为入射光强度。谱线的宽度通常用半宽度来表示。谱线的半宽度是最大吸收值的一半处的频率宽度，用 $\Delta\nu$ 来表示，简称谱线宽度。

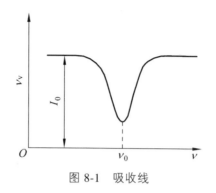

图 8-1　吸收线

谱线宽度产生的原因如下：

（1）自然宽度

谱线的自然宽度是指不受任何外界影响时的谱线宽度。谱线自然宽度约为 10^{-5} nm 数量级。

（2）多普勒（Doppler）宽度

多普勒宽度是由于原子在空间做无规则热运动所引起的变宽，故也称热变宽。多普勒宽度与元素的相对原子质量、温度和谱线频率有关。随着温度升高和相对原子质量减小，原子的热运动加剧，多普勒宽度增宽。但一定温度范围内，温度稍有变化对谱线的宽度影响不大。在原子化温度下（3 000 K 左右），对大多数元素来说，多普勒宽度约为 10^{-3} nm 数量级，比自然宽度约大 2 个数量级，是谱线变宽的主要因素之一。

（3）碰撞变宽

又称为压力变宽。由于原子辐射与其他粒子间的相互作用而产生的谱线变宽。压力变宽通常随压力的增大而增大。待测元素原子与其他粒子相互碰撞而引起的变宽称为洛伦茨（Lorentz）变宽；待测原子间相互碰撞而引起的变宽称为赫鲁兹马克（Holtzmark）变宽，也称为共振变宽。

影响谱线变宽的还有其他一些因素，如场致变宽、自吸效应等。但在通常的原子吸收分析实验条件下，吸收线的轮廓主要受多普勒和压力变宽的影响。

（三）原子吸收光谱法实际测量方法

在原子吸收光谱分析中，原子化温度一般在 2000～3000 K。此时处于最低激发态的原子数与基态原子数相比很少，可近似地认为总原子数就等于基态原子数。各种元素都有自己的特征谱线，因此从光源发出的特征谱线的光就能被该元素的基态原子吸收。基态原子对入射光的吸收也符合朗伯-比尔定律。

$$A=KNL$$

式中　K——原子吸收系数；

　　　N——基态原子总数；

　　　L——原子蒸气厚度

　　由于蒸气中基态原子数目接近被测元素的原子总数，且与被测元素的浓度成正比，因此上式变为

$$A=kc$$

式中　c——被测元素浓度；

　　　K——常数；

　　在实际测量中，常用标准曲线法定量。以标准系列作出标准曲线后，即可从吸光度的大小求得被测元素的浓度。

三、原子吸收分光光度计

　　用于测量原子吸收的仪器称为原子吸收分光光度计，尽管目前已有多种类型，但均由光源、原子化器、单色器（分光系统）、检测系统等基本单元组成，如图8-2所示。

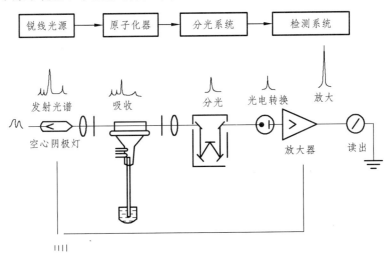

图 8-2　原子吸收分光光度计结构示意图

（一）光　源

　　光源的作用是提供可被待测元素气态的基态原子所吸收的特征共振线。原子吸收的半宽度很窄，因此只有光源发出比吸收线半宽度宽、强度大而稳定的锐线光谱，才能得到准确的结果。目前原子吸收光谱法中应用最广泛的光源是空心阴极灯。

空心阴极灯是一种特殊的气体放电管，其结构如图 8-3。一个由待测元素的纯金属或合金制成圆筒形的空心阴极（也可用铜、铁等金属制成阴极衬套后将待测元素衬于或熔入内壁）和一个有钛、钽、锆等有吸气性能金属制成的阳极。两根电极被密封于带有光学窗口（根据工作时的波长范围选择石英或玻璃）的硬质玻璃管内，抽空后充入几百帕低压的惰性气体，如氖、氩等作为工作气体。

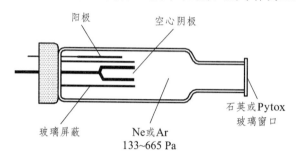

图 8-3　空心阴极灯结构

当在两极之间施加 100～400 V 的直流电压，即可发生放电。放电产生的正离子在电场的作用下射向阴极，并不断得到加速。若正离子最终的动能足以克服金属阴极表面的晶格能，当其撞击在阴极表面时，就可使原子从晶格能中溅射出来，并聚集在阴极空腔内形成原子蒸气。这些原子在和空腔内其他粒子（电子、离子或原子）发生非弹性碰撞后会被激发，在退激时便可发出待测元素的特征辐射（其中也杂有内充气体和阴极杂质的谱线）。当选用不同元素作为阴极材料时，就可制成适用于该元素测定的空心阴极灯。因此，在原子吸收分析中，每测定一种元素就需要换上该元素的灯。为解决这个问题，目前也有多元素的空心阴极灯，但发射强度低，而且元素组合不当时易产生光谱干扰，因此使用尚不广泛。

（二）原子化器

原子化器的作用是提供能量，将试样干燥、蒸发和原子化，使待测元素转变为能够吸收共振辐射的基态原子蒸气。试样的原子化是原子吸收光谱法中的关键环节，元素测定的灵敏度、准确性乃至干扰大小，在很大程度上取决于原子化的状况。因此，原子化器要有尽可能高的原子化效率，且不受浓度的影响，稳定性和重视性好，背景和噪声低，实现原子化的方法很多，通常可分为火焰原子化法、非火焰原子化法和低温原子化法。

1. 火焰原子化器

火焰原子化器就是利用化学火焰燃烧提供的能量，使被测元素原子化。这是最早也是最为常用的原子化器。它主要的优点是操作简便、快捷。分析精密度高（相对误差可达 1%）。结构如图 8-4，它由雾化器、雾化室和燃烧器组成。

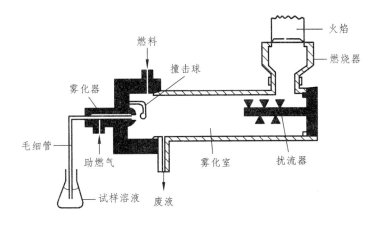

图 8-4　火焰原子化器结构示意图

雾化器的作用是将试样溶液转变为湿气溶胶，即非常小的雾滴，所形成雾滴越小，粒径越均匀，对后面的去溶剂和原子化过程越有利。由雾化室喷出的雾滴进入雾化室时，会与雾化器喷嘴前端放置的玻璃撞击球或扰流片相撞被进一步分散。湿气溶胶、燃气、助燃气在雾化室中混合均匀后进入燃烧器，粒径较大的液滴因重力作用无法被气流携带，而经由废液管排出。

燃烧器是一个吸收光程较长的长缝喷灯，多用不锈钢制成。燃气和助燃气从狭缝中喷出后可用电子点火器点燃形成火焰，微粒细小且均匀的气溶胶进入高温火焰后瞬间即可完成蒸发及原子化过程。

火焰的基本性质如下：

（1）燃烧速度：是指火焰由着火点向可燃混合气体其他点传播的速度，它影响火焰的安全操作和燃烧稳定性。可燃混合气体的供气速度应大于燃烧速度以保证火焰的稳定性，但过大会导致火焰不稳甚至吹灭火焰，如果太小则会引起回火，造成伤害。

（2）火焰温度：由不同燃气或助燃气所形成的火焰温度是不同的，见表 8-1。

表 8-1　几种常用火焰的温度

燃气	助燃气	燃烧速度/cm·s^{-1}	燃气温度/°C
C_2H_2	空气	158～266	2100～2500
C_2H_2	O_2	1100～2480	3050～3160
C_2H_2	N_2O	165～285	2600～2990
H_2	空气	300～440	2000～2318

（3）火焰的燃助比与化学环境：根据燃气和助燃气比例不同，可将火焰分为

149

三类：化学计量火焰、富燃火焰和贫燃火焰。

① 化学计量火焰是指燃气和助燃气的比例接近化学反应计量关系，因此也称为中性火焰。该火焰温度最高而且稳定、干扰小、背景低，除碱金属和易生成难解离氧化物的元素外，适用于大多数常见元素的原子化。

② 富燃火焰指燃气与助燃气比例大于化学计量关系的火焰，又称为还原性火焰。该火焰燃烧不完全，温度略低于化学计量火焰，但含有丰富的半分解产物，具有较强的还原性，适用于易形成难解离氧化物的元素。

③ 贫燃火焰指燃气与助燃气比例小于化学计量关系的火焰，又称为氧化性火焰。由于大量冷的助燃气带走了火焰热量，该火焰温度较低，氧化性较强，适用于碱金属的测定。

2. 非火焰原子化器

火焰原子化虽然具备诸多优点，但由于雾化效率低，火焰对待测原子的稀释效应以及待测原子在高速燃烧火焰中停留过短等不足，限制了其灵敏度的提高，无法对含量为纳克级的微量元素进行测定；其次，为了获取稳定的读数，火焰原子化法至少需要 0.5 ~ 1 mL 的试样，这就限制了来源困难、数量很少的试样分析；而且火焰法还不适合固体和黏度较大样品的直接分析。非火焰原子化法的出现弥补了以上的不足。目前应用较广泛的是石墨炉原子化法。

（1）结构

石墨炉原子化器的本质是一个电加热器，它利用电能的高温加热盛放试样（液体或固体均可）的石墨管，使得试样蒸发和原子化。常用的管式石墨炉原子化器由电源、炉体和石墨管三部分构成。其结构如图 8-5 所示。

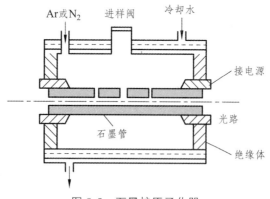

图 8-5　石墨炉原子化器

电源：能提供低电压、大电流的设备，能使石墨炉迅速加热达到 2000 ℃ 以上的温度，并能以电阻加热的方式形成各种温度梯度，便于对不同的元素选择最佳的原子化条件。

炉体：炉体具有水冷外套，内部可通入惰性气体，两端装有石英窗，中间有进样孔。

石墨管：石墨管是长约 28 mm、内径小于 8 mm、两端开口的空心圆管，管中间为进样口（直径小于 2 mm），也是原子化时样品烟气的出口。

（2）操作程序

为获得试样的高效原子化，石墨炉原子化中采取逐级加热方式，其过程可分为四个阶段，即干燥、灰化、原子化和净化。

① 干燥：目的是蒸发去除溶剂，以免溶剂存在导致灰化或原子化过程飞溅，通常选择温度略高于溶剂沸点即可。

② 灰化：采用中等温度（350～1 200 °C）去除有机物和低沸点的无机物，以减少基体组分对待测元素的干扰，这是加热过程中最为关键的一步。

③ 原子化：快速升温使待测元素原子化，不同元素的最适原子化温度不同，应根据元素种类、含量和基本性质通过绘制原子化温度曲线来进行选择。该阶段应停止或减小管内 Ar 气流的通过，以延长原子在石墨炉中的停留时间。

④ 净化：将温度升至最大允许温度，以去除残余物，消除由此产生的记忆效应，为下次样品分析提供清洁的环境。

（三）单色器

单色器的构成与紫外-可见分光光度计基本相同，但由于原子吸收光谱仪采用空心阴极灯等锐线光源，发射谱线比较单纯，仅有少量的共存谱线及惰性气体的发射背景，因此单色器只需将待测元素的共振辐射与邻近线谱分开即可，并不需要很高的分辨率。单色器置于原子化器之后，以阻止来自原子化器的干扰辐射进入检测器。

（四）检测系统

原子吸收光谱法中广泛使用的检测器是光电倍增管，为了提高测量灵敏度，消除待测元素火焰发射的干扰，需使用交流放大器，电信号经放大后，即可用读出装置显示出来。

四、干扰及其消除方法

原子吸收光谱的干扰分为物理干扰、化学干扰、电离干扰、光谱干扰和背景干扰五类。这些干扰在火焰和石墨炉原子化过程中均可能出现，但干扰程度和所采取消除方法有所不同。

（一）物理干扰

物理干扰是指试样在转移、蒸发和原子化过程中，由于试样的物理性质如黏度、表面张力、密度等的变化而引起吸光度变化的干扰效应。该干扰是非选择性的，即对试样各元素的影响基本是相似的。通常的消除办法是采用与被测试样组成相似的标准样品。若试样组成未知或无法匹配时，可采用标准加入法或稀释法（试样浓度较大时）来减小或消除物理干扰。

（二）化学干扰

化学干扰是指待测元素在溶液或气态中与干扰成分生成热力学更稳定的化合物，从而影响被测元素的原子化，是一种选择性的干扰。化学干扰的消除通常可以采用以下几种方法：

（1）加入释放剂使之与干扰组分形成更稳定或更难挥发的物质，如加入锶或镧盐可消除磷酸根对钙测定的干扰。

（2）加入保护剂（常为有机配位剂）与待测元素形成易分解且稳定的化合物，以避免其与干扰成分作用，如 EDTA 可消除磷酸根对钙的影响。

（3）加入缓冲剂，指在标准及试样中加入过量干扰元素而使干扰恒定，但这种方法往往会显著降低灵敏度而较少使用。

（4）加入助熔剂如 NH_4Cl，使待测元素转化为较易挥发的氯化物，从而抑制铝、硅酸根、磷酸根、硫酸根的干扰。

（5）改变测定条件，如火焰温度、助燃比、燃烧器高度及使用适当有机溶剂等。

与待测元素含量无关的化学干扰还可通过标准曲线法消除。若上述方法均不奏效，只能采用分离的方法如溶剂萃取、离子交换、沉淀、吸附等。

（三）电离干扰

较高的温度有助于试样的解离和原子化，但也易导致原子电离，造成基态原子数量减少，吸光度降低，这种干扰称为电离干扰。消除电离干扰最有效的方法是加入过量的（但要适量）比待测元素电离能低的元素（消电离剂），如测钙时可以加入 KCl，钾电离时产生的大量电子可抑制钙的电离。

（四）谱线干扰

谱线干扰有两种：吸收线与相邻谱线不能完全分开，待测元素的分析线与共存元素的分析线相重叠。此时可采用减小狭缝宽度，降低灯电流或采用其他分析线的办法来消除干扰。

（五）背景干扰

严格上讲，背景干扰也是一种谱线干扰，其主要来源是分子吸收和光散射。

① 分子吸收与光散射

分子吸收是指在原子化过程中生成的气体分子、氧化物及盐类分子对辐射的吸收。分子吸收是带状光谱，会在一定波长范围内形成干扰。如碱金属卤化物在 $200 \sim 400$ nm 范围内有分子吸收谱带，硫酸、磷酸在 250 nm 以下有强吸收带等。

光散射是指原子化过程中所产生的微小固体颗粒使光发生散射，造成通过光强减小，吸光度增大。

背景吸收在火焰和石墨炉原子化中均存在，后者情况更加严重，有时背景吸收可导致分析工作无法进行，因此必须加以扣除。

② 背景校正方法

背景校正的方法很多，最为常用的是连续光源（氘灯）校正法和塞曼（Zeeman）效应校正法。

（1）连续光源校正背景法

连续光源校正背景法的光路见图 8-6，当空心阴极灯辐射通过时所测的是待测元素的吸光度 A 和背景吸收 A_B；氘灯辐射在同一波长处所测的只是背景 A_B（虽然氘灯辐射经单色器后进入检测器的波长与测定波长相同，但是谱带很宽，因此待测元素产生的共振吸收 a 可忽略），两者之差即为校正背景后的待测元素吸光度。

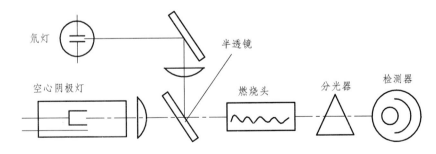

图 8-6　连续光源矫正法光路示意图

该方法装置简单，价格便宜，很多商品化的火焰原子化吸收光谱仪均配备。

但存在以下不足之处：① 连续光源测定是光谱通带内（约 0.1 nm）的平均背景，与分析线处（约 10^{-4} nm）的真实背景有差异；② 原子化器中气相介质和粒子分布不均，对两个光源的排列要求极高；③ 大多仪器装配的氘灯不适于可见光区（强度太小）。

（2）塞曼效应校正背景法

当将原子蒸气暴露在强磁场中（1 T）时，原子电子能级的裂分导致形成几条吸收线。这种现象称为塞曼效应。吸收线彼此相差约 0.01 nm。单重态跃迁的裂分最简单；它裂分三条谱线，中心的 π 线和对称分布在中心波长两侧的两条谱线 σ^+ 和 σ^-。其中 π 成分是在原子吸收线的波长 λ 上，σ^+ 和 σ^- 成分的波长分别为 $\lambda \pm \Delta\lambda$，$\Delta\lambda$ 的大小与磁场强度成正比。

塞曼效应扣除背景的原理是根据原子谱线的磁效应和偏振特性使原子吸收和背景吸收分离来进行背景校正。应用塞曼效应扣除背景时，可加磁场于光源，也可加磁场于吸收池。在与光速垂直的方向给原子化器加上永久磁场。根据代码效应，原子蒸气的吸收线裂分为 π 和 $\sigma^{\pm}$ 成分，他们的偏振方向分别平行和垂直于磁场。由空心阴极灯发出的光经过旋转式偏振器，被分为两条传播方向一致、波长一样、强度相等、但偏振方向互相垂直的偏振光，其中一束光与磁场平行，而另一束则与磁场垂直，显然，当两束光交替通过吸收池时，只有平行于磁场的光束能被原子蒸气吸收。由于背景吸收与偏振方向无关，两束光都产生相同的背景吸收。因此，用平行于磁场的光束作测量光束，用垂直于磁场的光束为参比光束，即可扣除背景。

五、定量分析方法

（一）标准曲线法

标准曲线法是原子吸收光谱中最常用的一种方法。配制一系列标准溶液，在同样测量条件下，测定标准曲线和试样溶液的吸光度，绘制吸光度与浓度关系的标准曲线，从标准曲线上查出待测元素的含量。标准曲线法的精密度对火焰法为 0.5%～2%（变异系数），最佳分析范围的吸光度应在 0.1～0.5 之间，浓度范围可根据待测元素的灵敏度来估计。

（二）标准加入法

为了减小试液与标准溶液之间的差异引起的误差，可采用标准加入法进行定量分析。这种方法又称为"直线外推法"或"增量法"。以 c_x、c_0 分别表示试液中待测元素的浓度及试液中加入的标准溶液浓度，则 c_x+c_0 为加入后的浓度；以 A_x、A_0 分别表示试液及加入标准溶液后的吸光度。根据朗伯-比尔定律，有

$$A = Kc_x$$
$$A_0 = K(c_0 + c_x)$$

则

$$c_x = \frac{A_x}{A_0 - A_x}c_0$$

标准加入法只能在一定程度上消除化学干扰、物理干扰和电离干扰，但不能消除背景干扰。

任务十四　水中铜、锌、铅、镉的测定

❖ **任务描述** ❖

常见的测定铜、锌、铅、镉的方法有直接法和螯合萃取法。直接法是将样品或消解处理过的样品直接吸入火焰，在火焰中形成的原子蒸气对特征电磁辐射产生吸收，将测得的样品吸光度和标准溶液的吸光度进行比较，确定样品中被测元素的浓度。螯合萃取法是将吡咯烷二硫代氨基甲酸铵在 pH 值为 3.0 时与被测金属离子螯合后萃入甲基异丁基甲酮中，然后吸入火焰进行原子吸收光谱测定。

❖ **实施方法及步骤** ❖

（一）直接法

1. 适用范围

（1）测定浓度范围与仪器的特性有关，表 8-2 列出一般仪器的测定范围。

表 8-2　一般仪器的测定范围

元素	浓度范围/mg·L^{-1}
铜	0.05～5
锌	0.05～1
铅	0.2～10
镉	0.05～1

（2）地下水和地面水中的共存离子和化合物在常见浓度下不干扰测定。但当钙的浓度高于 1000 mg·L⁻¹ 时，抑制镉的吸收，浓度为 2000 mg·L⁻¹ 时，信号抑制达 19%。铁的含量超过 100 mg·L⁻¹ 时，抑制锌的吸收。当样品中含盐量很高，特征谱线波长又低于 350 nm 时，可能出现非特征吸收，如高浓度的钙，因产生背景吸收，使铅的测定结果偏高。

2. 原理

将样品或消解处理过的样品直接吸入火焰，在火焰中形成的原子对特征电磁辐射产生吸收，将测得的样品吸光度和标准溶液的吸光度进行比较，确定样品中被测元素的浓度。

3. 试剂

除非另有说明，分析时均使用符合国家标准或专业标准的分析纯试剂、去离子水或同等纯度的水。

（1）硝酸：$\rho(HNO_3)=1.42$ g·mL⁻¹，优级纯。

（2）硝酸：$\rho(HNO_3)=1.42$ g·mL⁻¹，分析纯。

（3）高氯酸：$\rho(HClO_4)=1.67$ g·mL⁻¹，优级纯。

（4）燃料：乙炔，用钢瓶气或由乙炔发生器供给，纯度不低于 99.6%。

（5）氧化剂：空气，一般由气体压缩机供给，进入燃烧器以前应经过适当过滤，以除去其中的水、油和其他杂质。

（6）硝酸溶液（1+1）：分析纯。

（7）硝酸溶液（1+499）：优级纯。

（8）金属贮备液：1.000 g·mL⁻¹：购买市售有证标准物质，或称取 1.000 g 光谱纯金属，准确到 0.001 g，用优级纯硝酸溶解，必要时加热，直至溶解完全，然后用水稀释定容至 1000 mL。

（9）中间标准溶液：用硝酸溶液（1+499，优级纯）稀释金属贮备液配制，此溶液中铜、锌、铅、镉浓度分别为 50.00 g·mL⁻¹、10.00 g·mL⁻¹、100.0 g·mL⁻¹ 和 10.00 g·mL⁻¹。

4. 仪器

一般实验室仪器和以下设备：

原子吸收分光光度计及相应的辅助设备，配有乙炔-空气燃烧器；光源选用空心阴极灯或无极放电灯。仪器操作参数可参照厂家的说明进行选择。

注：实验用的玻璃或塑料器皿用洗涤剂洗净后，在硝酸溶液（1+1，分析纯）

中浸泡，使用前用水洗干净。

5. 采样和样品

（1）用聚乙烯塑料瓶采集样品

采样瓶先用洗涤剂洗净，再在硝酸溶液（1+1，分析纯）中浸泡，使用前用水冲洗干净。分析金属总量的样品，采集后立即加硝酸（优级纯）酸化至 pH 为 1~2，正常情况下，每 1000 mL 样品中加 2 mL 硝酸（优级纯）。

（2）试样的制备

分析溶解的金属时，样品采集后立即通过 0.45 μm 滤膜过滤，得到滤液后再按上述（1）中的要求酸化。

6. 操作步骤

（1）校准

① 参照表 8-3，在 100 mL 容量瓶中，用硝酸（1+499，优级纯）溶液稀释中间标准溶液，配制至少 5 个工作标准溶液，其浓度范围应包括样品中被测元素的浓度。

表 8-3　工作标准溶液浓度参照表

中间标准溶液加入体积/mL		0.50	1.00	3.00	5.00	10.00
工作标准溶液浓度/mg·L^{-1}	铜	0.25	0.50	1.50	2.50	5.00
	锌	0.05	0.10	0.30	0.50	1.00
	铅	0.50	1.00	3.00	5.00	10.00
	镉	0.05	0.10	0.30	0.50	1.00

注：定容体积为 100 mL。

② 测定金属总量时，如果样品需要消解，则工作标准溶液也按照下述（6）③中测定样品的消解步骤进行消解。

③ 选择波长和调节火焰，按下述（6）④的步骤进行测定。

④ 用测得的吸光度与相对应的浓度绘制校准曲线。

注：a. 装有内部存储器的仪器，输入 1~3 个工作标准。存入一条校准曲线，测定样品时可直接读出浓度。

b. 在测定过程中，要定期地复测空白和工作标准溶液，以检查基线的稳定性和仪器的灵敏度是否发生了变化。

（2）试份

测定金属总量时，如果样品需要消解，混匀后取 100.0 mL 样品置于 200 mL

烧杯中，接下述（6）③继续分析。

（3）空白试样

在测定样品的同时，测定空白。取 100.0 mL 硝酸（1+499，优级纯）溶液代替样品，置于 200 mL 烧杯中，接下述（6）③继续分析。

（4）验证试验

验证试验是为了检验是否存在基体干扰或背景吸收。一般通过测定加标回收率判断基体干扰的程度，通过测定特征谱线附近 1 nm 内的一条非特征吸收谱线处的吸收可判断背景吸收的大小。根据表 8-4 选择与特征谱线对应的非特征吸收谱线。

表 8-4　元素的特征谱线与对应的非特征谱线

元　素	特征谱线/nm	非特征吸收谱线/nm
铜	324.7	324（锆）
锌	213.8	214（氘）
铅	283.3	283.7（锆）
镉	228.8	229（氘）

（5）去干扰试验

根据验证试验的结果，如果存在基体干扰，用标准加入法测定并计算结果。如果存在背景吸收，用自动背景校正装置或邻近非特征吸收谱线法进行校正，后一种方法是从特征谱线处测定的吸收值中扣除邻近非特征吸收谱线处的吸收值，得到被测元素原子的真正吸收。此外，也可使用螯合萃取法或样品稀释法降低或排除产生基体干扰或背景吸收的组分。

（6）测定

① 测定溶解的金属时，用上述 5.（2）制备的试样，接下述④测定。

② 测定金属总量时，如果样品不需要消解，用实验室样品，接下述④进行测定。如果需要消解，用上述（2）中的试份进行分析。

③ 消解：加入 5 mL 硝酸（优级纯），在电热板上加热消解，确保样品不沸腾，蒸至 10 mL 左右，加入 5 mL 硝酸（优级纯）和 2 mL 高氯酸（优级纯），继续消解，蒸至 1 mL 左右。如果消解不完全，再加入 5 mL 硝酸和 2 mL 高氯酸，再蒸至 1 mL 左右。取下冷却，加水溶解残渣，通过中速滤纸（预先用酸洗）滤入 100 mL 容量瓶中，用水稀释至标线。

注：消解中使用高氯酸有爆炸危险，整个消解要在通风橱中进行。

④ 根据表 8-5 选择波长和调节火焰，吸入硝酸（1+499，优级纯）溶液，将仪器调零。吸入空白、工作标准溶液或样品，记录吸光度。

表 8-5 特征谱线波长

元　素	特征谱线波长/nm	火焰类型
铜	324.7	乙炔-空气，氧化性
锌	213.8	乙炔-空气，氧化性
铅	283.3	乙炔-空气，氧化性
镉	228.8	乙炔-空气，氧化性

⑤ 根据扣除空白吸光度后的样品吸光度，在校准曲线上查出样品中的金属浓度。

（7）实验数据记录及结果表示

表 8-6 标准曲线数据记录（测量元素_____）

实验编号	1	2	3	4	5	6
标准溶液加入量/mL						
标准系列浓度/mg·L^{-1}						
吸光度 A						
标准曲线方程			相关系数			

表 8-7 水样测定数据记录（测量元素_____）

水样编号	空白	1	2	3
吸光度 A				
金属浓度/mg·L^{-1}				
浓度均值/mg·L^{-1}				

注：报告结果时，要指明测定的是溶解的金属还是金属总量。

（二）螯合萃取法

1. 适用范围

（1）浓度测定范围与仪器的特性有关，表 8-8 列出了一般仪器的测定范围

表 8-8 一般仪器的测定范围

元　素	浓度范围/mg·L^{-1}
铜	1～50
铅	10～200
镉	1～50

（2）当样品的化学需氧量超过 500 mg·L^{-1} 时，可能影响萃取效率。铁含量不

超过 5 mg·L^{-1}，不干扰测定。如果样品中存在的某类配位剂，与被测金属形成的配合物比吡咯烷二硫代氨基甲酸铵的配合物更稳定，则应在测定前去除样品中的这类配位剂。

2．原　理

吡咯烷二硫代氨基甲酸铵在 pH 值为 3.0 时与被测金属离子螯合后萃入甲基异丁基甲酮中，然后吸入火焰进行原子吸收光谱测定。

3．试　剂

除非另有说明，分析时均使用符合国家标准或专业标准的分析纯试剂、去离子水或同等纯度的水。

（1）甲基异丁基甲酮（$C_6H_{12}O$）。

（2）氢氧化钠（NaOH，优级纯）：100 g·mL^{-1}。

（3）盐酸（HCl，ρ=1.19 g·mL^{-1}，优级纯）溶液：1+49 溶液。

（4）2%的吡咯烷二硫代氨基甲酸铵（$C_5H_{12}N_2S_2$）溶液：将 2.0 g 吡咯烷二硫代氨基甲酸铵溶于 100 mL 水中，必要时在分液漏斗中用甲基异丁基甲酮进行纯化，加入等体积的甲基异丁基甲酮，摇动 30 s，分层后放出水相备用，弃去有机相。此溶液用时现配。

（5）水饱和的甲基异丁基甲酮：在分液漏斗中放入甲基异丁基甲酮和等体积的水，摇动 30 s，分层后弃去水相，留下有机相备用。

（6）中间标准溶液：用硝酸（1+499，优级纯）溶液稀释金属贮备液配制。此溶液中铜、铅、镉的浓度分别为 0.500 g·mL^{-1}、2.00 g·mL^{-1}、0.50 g·mL^{-1}。

4．仪　器

同"直接法"。

5．采样和样品

同"直接法"。

6．操作步骤

（1）校准

① 配制一个空白和至少 4 个工作标准溶液。空白为 100.0 mL 硝酸（1+499，优级纯）溶液，置于 200 mL 烧杯中。制备工作标准溶液时，参照表 8-9。准确吸取一定量的中间标准溶液置于 200 mL 烧杯中，用硝酸（1+499，优级纯）溶液稀释至 100 mL，按测定步骤继续分析。

表 8-9　工作标准溶液浓度参照表

中间标准溶液加入体积/mL		0.50	1.00	2.00	5.00	10.00
工作标准溶液浓度/mg·L^{-1}	铜	0.25	0.50	1.0	2.5	5.0
	铅	1.0	2.0	4.0	10.0	20.0
	镉	0.25	0.50	1.0	2.5	5.0

注：定容体积为 100 mL。

② 测定金属总量时，如果样品需要消解，则空白和标准溶液也要按照消解的步骤进行消解。但过滤时不是滤入 100 mL 容量瓶而是滤入 200 mL 烧杯中，用水定容到 100 mL，然后接下述（4）①和（4）②继续分析。

③ 用扣除空白吸光度后的工作标准的吸光度与对应的金属含量作图，绘制校准曲线。

（2）试份

分析溶解的金属时，取 100.0 mL 采集后的试样立即通过 0.45 μm 滤膜过滤的样品。分析金属总量时，如果不需要消解，则取 100.0 mL 样品；如果样品需要消解，则混匀后取 100.0 mL 样品，按照消解的步骤进行消解，最后定容至 100 mL。以上三种样品置于 200 mL 烧杯后，按测定步骤继续分析。

（3）空白试验

在测定样品的同时，测定空白。取 100.0 mL 硝酸（1+499，优及纯）溶液置于 200 mL 烧杯中，按照测定的步骤继续操作。如果样品需要消解，则空白也和样品一同先按消解的步骤进行消解。

（4）测定

① 用氢氧化钠溶液和盐酸调空白、工作标准或试份的 pH 为 3.0（用 pH 计指示）。将溶液转入 200 mL 容量瓶中，加入 2 mL 吡咯烷二硫代氨基甲酸铵溶液，摇匀。再加入 10 mL 甲基异丁基甲酮，剧烈摇动 1min，静置分层后，小心地沿容量瓶壁加入水，使有机相上升到瓶颈中并达到吸样毛细管可以达到的高度。

注：a. 如果单独测定铅，最佳萃取 pH 为 2.3±0.2。

b. 样品中存在强氧化剂时，可能破坏吡咯烷二硫代氨基甲酸铵，萃取前应去除。

c. 有些金属离子和吡咯烷二硫代氨基甲酸铵的配合物不稳定，萃取操作时要避免日光直射和避开热源。

② 根据表 8-5 选择波长和调节火焰，吸入水饱和的甲基异丁基甲酮，将仪器调零。吸入空白、工作标准或试份的萃取有机相，记录吸光度。

③ 根据扣除空白吸光度后的试份吸光度，从校准曲线上查出试份中的金属含量。

7. 结果表示

同"直接法"。

项目九　色谱法

（1）掌握色谱流出曲线和色谱分离术语；
（2）掌握色谱定量分析方法；
（3）熟悉色谱仪结构。

一、色谱法概述

色谱法与蒸馏、重结晶、溶剂萃取等方法一样，也是一种分离技术，是一种物理化学分离分析方法。色谱法早在 1903 年由俄国化学家茨维特分离植物色素时采用，他在研究植物叶的色素成分时，将植物叶子的萃取物倒入填有碳酸钙的直立玻璃管内，然后加入石油醚，使其自然流下，结果色素中各组分相互分离，形成各种颜色的不同谱带。因而这种分析方法得名为色谱法。但后来此种方法不仅用于分离有色物质，而且广泛地用于分离分析无色物质。"色谱"的名称仍被沿用下来，但已失去了原有的含义。

（一）色谱法分类

色谱法的种类很多，从不同角度可将色谱法分类如下。

1. 按两相状态分类

色谱法中共有两相（相就是指界面），即固定相和流动相。如流动相是气体就叫气相色谱（GC），流动相为液体则叫液相色谱（LC）。同样固定相也可有两种状态，即固体吸附剂和固定液（附着在惰性载体上的一薄层有机化合物液体）。因此，按两相状态可将色谱分为 4 类：气-固色谱（GSC）、气-液色谱（GLC）、液-固色谱（LSC）、液-液色谱（LLC）。

2. 按固定相的性质分类

（1）柱色谱：共分两大类。

填充柱色谱：固定相装在一根玻璃或金属管内。

毛细管柱色谱：固定相附着在一根细管内壁上（内径为 0.2～0.5 mm），管中心是空的，又叫开管柱色谱或称毛细管柱色谱。固定相装到玻璃管内，再拉成毛细管，则称填充毛细管柱色谱。

（2）纸色谱（又叫纸层析法）：就是利用滤纸作为固定相，把试样点在滤纸上，用溶剂将它展开，根据其在纸上斑点的位置和大小进行鉴定和定量分析。

（3）薄层色谱或叫薄板层析：将吸附剂涂或压成薄膜，然后与纸色谱类似方法进行操作。

3. 按分离原理分类

（1）吸附色谱：吸附剂为固定相，利用吸附剂对不同组分的吸附性能的差别而进行分离。包括气-固吸附色谱（GSC）和液-固吸附色谱（LSC）。

（2）分配色谱：以液体为固定相，利用不同组分在两相间的分配系数的差别（即在固定液上的溶解度不同）而进行分离。包括气-液分配色谱（GLC）和液-液分配色谱（LLC）。

（3）离子交换色谱：以合成离子交换树脂为固定相，用来分离离子型化合物的色谱法。离子交换色谱法又分成阳离子交换色谱和阴离子交换色谱。

（4）排阻色谱法：又称凝胶色谱，以多孔凝胶为固定相，用来分离大小不同的分子的色谱法。一般迫使试样组分摩尔质量较小者渗透入胶体而不易流出，表现为保留时间长；而摩尔质量大的组分，则沿凝胶间孔隙而容易流出，其保留时间较短，从而形成了色谱分离 （适用于摩尔质量＞2000 g·mol^{-1}的试样）。

（二）色谱流出曲线和基本术语

1. 色谱图

试样中各组分经色谱柱分离后，随载气依次流出色谱柱进入检测器，经检测器转换为电信号，经放大器放大后在记录器上记录下来。所记录的电信号-时间曲线称为色谱流出曲线，又称色谱图（如图 9-1 所示）。它是色谱柱分离结果的反映，是进行定性和定量分析的基础。

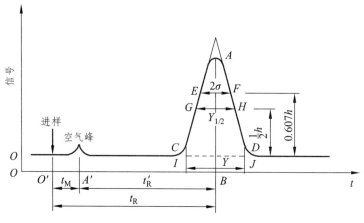

图 9-1　色谱流出曲线

2. 基　线

实验条件下，当只有纯流动相通过检测器时所得到的信号-时间曲线称为基线。如图 9-1 所示的 OO'。

基线通常为一水平直线，但由于操作条件（如浓度、流动相速度）、检测器及附属电子元件工作状态的变更，使基线朝一定方向缓慢变化，这叫漂移。由于各种未知的偶然因素，如流动相的速度、温度、固定相的挥发、外界电信号干扰等，引起基线的起伏，称为噪声。漂移和噪声给准确定量带来了困难。

3. 死时间、保留时间和校正保留时间

（1）死时间 t_M：不被固定相吸附或溶解的组分（如空气）通过色谱柱所需的时间。在色谱图上即为从进样开始到色谱峰顶的时间，称为死时间，用 t_M 表示。如图 9-1 中的 $O'A'$ 部分所示。

当样品进入色谱柱后，由于固定相的作用使样品移动的速度比载气移动慢了，这种现象称为样品的保留。

（2）保留时间 t_R：流动相携带组分穿过柱长所需的时间称为保留时间，用 t_R 表示。在色谱图上为进样开始到组分色谱峰顶的时间，如图 9-1 中 $O'B$ 部分所示。

（3）校正保留时间 t'_R：指扣除死时间以后的保留时间，用 t'_R 表示。如图 9-1 中 $A'B$ 部分所示。

$$t'_R = t_R - t_M \tag{9-1}$$

4. 峰高、半峰宽、基线宽度和标准偏差

（1）峰高 h：色谱峰顶到基线的垂直距离。

（2）标准偏差 σ：即 0.607 倍峰高处色谱峰宽度的一半。如图 9-1 中的 EF 的一半。

（3）半峰宽 $Y_{1/2}$：色谱峰高一半处的宽度，如图 9-1 中 GH。

（4）基线宽度 Y：又叫峰宽，从峰两侧拐点作切线，两切线与基线相交部分的宽度。如图 9-1 中的 IJ 部分。

标准偏差 σ 与基线宽度关系为

$$Y = 4\sigma \qquad\qquad (9\text{-}2)$$

半峰宽、峰宽（即基线宽度）和标准偏差 σ 都是色谱峰区域宽度的一种度量方法，是色谱流出曲线的一个重要参数，体现了组分在色谱柱中运动的情况，与物质在流动相和固定相之间的传质阻力有关。因此，色谱峰区域宽度直接反映了色谱操作条件下的动力学因素 。

5. 死体积、保留体积和校正保留体积

单位以毫升（mL）或升（L）表示。

（1）死体积 V_m：是指死时间间隔内所通过载气的体积。相当于图 9-1 中 $O'A'$ 段（色谱图以体积为横坐标）。通常 V_m 由死时间和流动相体积流速 F_0 的乘积计算。

$$V_m = t_m \cdot F_0 \qquad\qquad (9\text{-}3)$$

（2）保留体积 V_R：保留体积指从进样到被测组分在柱后出现浓度极大点时所通过的流动相体积。

$$V_R = t_R \cdot F_0 \qquad\qquad (9\text{-}4)$$

（3）校正保留体积 V_R'：扣除死体积后的保留体积。

$$V_R' = V_R - V_m \qquad\qquad (9\text{-}5)$$

6. 相对保留值

因为保留时间（或体积）不但由柱性质决定，且与操作条件有关（如柱长、柱温、流动相线速、相比等），这给实验室之间的保留值的重现性带来困难。如果将每一组分的校正保留时间（或体积）与标准化合物在同一柱上，相同操作条件下的校正保留时间（或体积）进行比较，就可以消除许多操作条件的影响。因此引入相对保留值的概念。即其组分校正保留值与另一标准物校正保留值的比值为相对保留值（r_{12}）。

$$r_{12} = \frac{t_{R1}'}{t_{R2}'} = \frac{V_{R1}'}{V_{R2}'} \qquad\qquad (9\text{-}6)$$

二、气相色谱

（一）气相色谱法的基本原理

气相色谱法分为气-固色谱法和气-液色谱法，两者有所不同。

气-固色谱中的固定相是一种具有多孔性及较大表面积的吸附剂，经研磨成一定大小的颗粒。试样中各组分的分离是基于固体吸附剂对各组分吸附能力的不同。

气-液色谱中的固定相是在化学惰性的固体微粒（此固体是用来支持固定液的，称为担体）表面上，涂一层高沸点有机化合物的液膜。这种高沸点有机化合物称为固定液。试样中各组分的分离是基于各组分在固定液中溶解度的不同。

如图 9-2 所示，试样由载气携带进入柱子时，立即被固定相吸附或溶解。载气不断流过吸附剂时，吸附或溶解着的被测组分又被脱附或挥发到气相中去。脱附或挥发的组分随着载气继续前进时，又可被前面的固定相吸附或溶解。随着载气的流动，被测组分在两相间反复进行着吸附→脱附，或溶解→挥发的过程。由于试样中各组分的性质不同，它们在固定相上吸附或溶解的能力不一样。较难被吸附或溶解的组分就容易被脱附或挥发，较快地移向前面；容易被吸附或溶解的组分就不易被脱附或挥发，向前移动得慢些。经过一定时间，通过一定量的载气后，试样中的各个组分就彼此分离而先后流出色谱柱。

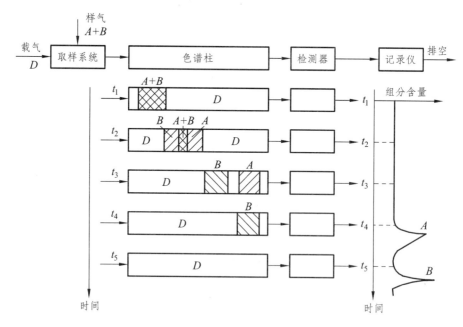

图 9-2　试样中被测组分在色谱柱中的分离示意图

物质在固定相和流动相（气相）之间发生吸附、脱附（或溶解、挥发）的过程，叫作分配过程。被测组分按其吸附和脱附能力（或溶解和挥发能力）的大小，以一定比例分配在固定相和气相之间。吸附能力（或溶解度）大的组分分配到固定相中的量较多，气相中的量较少；而吸附能力（或溶解度）小的组分分配到固定相中的量较少，气相中量却较多。在一定温度下，组分在两相之间分配达到平衡时的浓度比，称为分配系数，用 K 表示。

$$K = \frac{\text{组分在固定相中的浓度}}{\text{组分在流动相中的浓度}} = \frac{c_s}{c_m} \qquad (9\text{-}7)$$

分配系数是由组分和固定相的热力学性质决定的，它是组分物质的特征值，仅与固定相和温度两个变量有关，而与两相体积、柱管的特性以及所使用的仪器无关。

一定条件下，各组分物质在两相之间的分配系数是不同的。显然，具有小的分配系数的组分，每次分配后在气相中的浓度较大，因此在柱中停留的时间短，较早流出色谱柱。而分配系数大的组分，则由于每次分配后在气相中的浓度较小，因而在柱中停留的时间长，流出色谱柱的时间迟。当分配次数足够多时，就能将不同的组分分离开来。由此可见，气相色谱的分离原理是基于不同物质在两相间具有不同的分配系数。当两相做相对运动时，试样中的各组分就在两相中进行多次的分配，由于各组分在柱中停留时间不同，从而先后离开色谱柱，彼此分离开来。

（二）气相色谱仪

一般常用的气相色谱仪主要由气路系统（包括载气钢瓶、净化器、流量控制和压力表等）、进样系统（包括气化室、进样两部分）、分离系统（色谱柱）、温度控制系统以及检测和记录系统这五大系统组成，具体组成如图9-3所示。

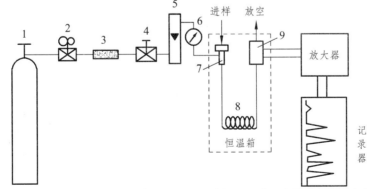

1—载气钢瓶；2—减压阀；3—净化器；4—调节阀；5—转子流量计；6—压力表；
7—气化室；8—色谱柱；9—检测器

图9-3　气相色谱仪结构

气相色谱法对样品组分的分离和分析的基本过程如图 9-3 所示。流动相载气由高压钢瓶（1）供给，流过减压阀（2）、净化器（3）、调节阀（4）、转子流量计（5）和压力表（6）后，以稳定的压力、恒定的流速连续流过气化室（7）、色谱柱（8）、检测器（9）后放空。

1. 气路系统

气相色谱仪的气路系统是一个能连续运行载气的密封管路系统。通过该系统，可获得纯净的、流速稳定的载气，这是进行气相色谱的必备条件。对气路系统的要求是载气纯净、密封性好、流速稳定、流速控制方便和测量准确等。

2. 进样系统

进样是将气体、液体样品定量快速地注入色谱柱。进样量、进样速度和样品气化速度等都影响色谱柱的分离效率及定量结果的准确度和重现性。进样系统包括进样器和气化室，气化室是将液体样品瞬间气化为蒸气的装置，使待测组分迅速地被载气带进色谱柱而达到分配或吸附平衡。

3. 分离系统

分离系统由色谱柱构成，它是色谱仪的核心部件，其作用是分离样品。色谱柱可视为气相色谱仪的心脏，安装在有温度控制装置的柱室内。

（1）色谱柱的材料和柱型

① 填充色谱柱：内径 2 ~ 4 mm，长 1 ~ 10 m，可由不锈钢、铜、玻璃和聚四氟乙烯管制成。可根据实验条件如柱温、柱压高低，样品有无反应性、腐蚀性，决定选用何种材料的柱子。柱型有 U 形或螺旋形，分离效果一样。

② 毛细管柱：内径 0.2 ~ 0.5 mm，长度 30 ~ 300 m，可由不锈钢或玻璃拉成。近年来，石英毛细管柱已被普遍采用。玻璃和石英毛细管易断折，操作时要注意。

（2）固定相

色谱柱是气相色谱法的核心部分。色谱柱是由固定相填充而成的，因而固定相在色谱分离中起着决定性作用。固定相分为固体固定相和液体固定相两大类。

① 固体固定相包括固体吸附剂、新型合成固体固定相。

气相色谱常用的固体吸附剂有：活性炭、硅胶、氧化铝和分子筛等。在实际应用中，由于吸附剂表面的不均匀性，造成色谱峰拖尾和色谱性能重复性差的缺点。但固体吸附剂表面积大（100 ~ 1000 m·g^{-1}），吸附性能强，因而是分离永久性气体以及 C_1 ~ C_4 烃类气体较为理想的常用的柱填充固定相。

新型合成固体固定相是一类较为理想的固体固定相。大致可分为 3 类，即高分子多孔微球、球形多孔硅胶和键合固定相等。

②液体固定相为高沸点有机液体，也称为固定液。它是涂在一种惰性固体表面上。这种固体称为载体或担体，所以载体也是固定相的重要组成部分。

4. 温度控制系统

温度控制系统用于设置、控制和测量气化室、柱室和检测室等处的温度。气相色谱分析中，温度影响色谱柱的分离效果和选择性及检测器的灵敏度和稳定性。

5. 检测和记录系统

样品经色谱柱分离后，各组分按保留时间不同，顺序地随载气进入检测器，检测器把进入的组分按时间及其浓度或质量的变化，转化成易于测量的电信号。经放大后再送到记录器进行记录，得到该混合样品的色谱流出曲线。

根据检测原理的不同，检测器可以分为浓度型检测器和质量型检测器两种。浓度型检测器的电信号大小与进入检测器的组分浓度成正比，如热导池检测器（TCD）和电子捕获检测器（ECD）等。质量型检测器的电信号大小与单位时间内进入检测器的某组分的质量成正比，峰面积与载气流速无关，如氢火焰离子化检测器（FID）和火焰光度检测器（FPD）等。

（三）气相色谱定性与定量分析方法

对某一试样进行色谱分析，首先是分离，然后进行定性和定量分析。分离是核心环节，分离的好坏直接影响定性分析和定量分析的准确性，分离的好坏又借助于定性分析。

1. 定性分析

气相色谱的定性分析就是确定各色谱峰究竟代表何种组分，可根据保留值及其相关的值来进行判断。

（1）保留值法

这个方法基于在一定的色谱操作条件下，每种物质都有一确定的保留值（t_R 或 V_R），为其特征值，一般不受其他组分的影响。在相同的操作条件下，分别测出待测物质各组分和标准物（已知纯物质）的保留值，在色谱图中，待测物质的某一组分若与标准物的保留值（t_R 或 V_R）相同，该组分即与标准物为同一物质。

（2）相对保留值法

利用绝对保留值进行定性分析的重现性差。而相对保留值只与柱温、固定相的性质有关，与其他操作条件无关。利用相对保留值定性比用保留值定性更方便、可靠。可先测出待测物质各组分、标准物和基准物（另一已知纯物质）的校正保留值（t'_R 或 V'_R），再求出它们的相对保留值 r_{12}，进行定性比较即可。常用的基准物有苯、正丁烷、对二甲苯、环己烷等。

（3）峰高增加法

如果未知样品较复杂，各组分的色谱峰很接近，可采用在未知混合物中加入一已知的标准物质，来进行测定。通过比较标准物质加入前后，色谱图的变化情况来确定未知物的成分。若某一色谱峰明显增高，则可认为此峰代表该标准物质，试样中含有该标准物质的成分。

（4）文献值和经验规律法

当没有待测组分的纯标准样时，可用文献定性，或用气相色谱中的经验规律定性。

（5）与其他仪器配合定性

对于复杂试样可先经色谱柱分离成单个组分，然后利用质谱、红外光谱、核磁共振等仪器定性。近年来色谱-质谱（GC-MS）联用是分离、鉴定未知物最有效的手段。

2. 定量分析

色谱分析的主要目的之一是对样品定量。定量分析的依据是在一定操作条件下，被测组分的量 m_i 与检测器的响应信号（峰面积 A_i 或峰高 h_i）成正比，即

$$m_i = f_i \cdot A_i \qquad\qquad (9\text{-}8)$$

或
$$m_i = f_i \cdot h_i$$

式中　m_i——被测物质的量；

A_i——被测物质的峰面积；

h_i——被测物质的峰高；

f_i——比例常数，称为校正因子。

$$f_i = \frac{1}{S_i}$$

S_i——检测器的灵敏度（响应值）。

因此，要进行定量分析必须准确地测量出峰面积 A_i（或峰高 h_i）和定量校正因子 f_i，选用合适的定量计算方法。

（1）峰面积的测量方法

峰面积是色谱图提供的基本定量数据，峰面积测量的准确与否直接影响测定结果。

① 对称峰面积的测量——峰高乘半峰宽法

对称峰面积可近似看成一个等腰三角形，峰面积为峰高乘以半峰宽。

$$A_i = 1.065 \times h_i \times Y_{1/2} \quad\quad\quad (9\text{-}9)$$

式中　A_i——i 组分的峰面积；

　　　h_i——i 组分的峰高；

　　　$Y_{1/2}$——半峰宽。

一般在测定样品计算相对含量时，式（9-9）中的 1.065 可略去，但在绝对测量时（如灵敏度、绝对法计算含量等），应乘以系数 1.065。

② 不对称峰面积的测量——峰高乘平均峰宽法

对于不对称峰的测量如仍用峰高乘半峰宽，误差就较大，因此采用峰高乘平均峰宽法。

$$A_i = \frac{1}{2}(Y_{0.15} + Y_{0.85}) \cdot h_i \quad\quad\quad (9\text{-}10)$$

式中　$Y_{0.15}$，$Y_{0.85}$——0.15 和 $0.85h_i$ 处的峰宽。

③ 自动积分仪法

目前的色谱仪都配有电子积分仪或微处理机，甚至计算机工作站。峰面积数据和保留时间能自动打印出来，其精密度一般可达 0.2% ~ 2%。

（2）校正因子的测定

色谱定量分析是基于峰面积与组分含量成正比的关系，但由于同一检测器对不同物质具有不同的响应值，即对不同物质，检测器的灵敏度不同。所以两个相等量的物质得不出相等的峰面积。或者说，相同的峰面积并不意味着相等物质的量。为了使检测器产生的响应信号能真实地反映出物质的量，就要对响应值进行校正而引入定量校正因子。

① 绝对定量校正因子

在一定色谱条件下，组分 i 的质量 m 或浓度 c，与峰高 h 或峰面积 A 成正比，比例系数即为相应的绝对校正因子

$$f_i = \frac{m_i}{A_i} \quad\quad\quad (9\text{-}11)$$

m_i 采用不同的计量单位，相应的绝对定量校正因子可分别称为质量校正因子 f_m、摩尔校正因子 f_c 和体积校正因子 f_V。

② 相对定量校正因子

由于不易直接得到准确的绝对校正因子，在实际定量分析中常采用相对校正因子。组分的绝对校正因子 f_i 和标准物的绝对校正因子 f_s 之比为该组分的相对校正因子 $f_{i/s}$，实际使用时通常把相对二字略去。

$$f_{i/s} = \frac{f_i}{f_s} = \frac{\dfrac{m_i}{A_i}}{\dfrac{m_s}{A_s}} = \frac{m_i A_s}{m_s A_i} \quad\quad\quad (9\text{-}12)$$

（3）定量方法

① 标准曲线法

又称外标法，用待测组分的纯物质配成不同浓度的标准溶液，以一定的体积分别进样，进行色谱分析。获得各种浓度下对应的峰面积，画出峰面积 A（或峰高 h）与浓度 c 的标准曲线。分析时，要在相同色谱条件下，进同样体积的待测样品，根据所得峰面积 A（或峰高 h），从标准曲线上可查出待测组分的浓度。

外标法的操作和计算都很简便，不必用校正因子。但要求色谱操作条件稳定，进样重复性好，且标准曲线要经常标定，否则对分析结果影响较大。

② 归一化法

归一化法是气相色谱中常用的一种定量方法。应用这种方法的前提条件是试样中各组分必须全部流出色谱柱，并在色谱图上都出现色谱峰。当测量参数为峰面积时，有

$$w_i = \frac{m_i}{m_1 + m_2 + \cdots + m_n} \times 100\% = \frac{f_i A_i}{f_i A_i + f_2 A_2 + \cdots + f_n A_n} \times 100\% \qquad （9\text{-}13）$$

式中　f_i——i 组分的校正因子；

　　　A_i——i 组分的峰面积；

　　　m_i——i 组分的量；

　　　w_i——i 组分的含量，%。

归一化法的优点是简便准确，当操作条件如进样量、载气流速等变化时对结果的影响较小。但其要求试样中全部组分都必须流出色谱柱，因此应用时受到一定的限制。

如果试样中各组分的校正因子 f_i 值很接近，则可用峰面积归一化法

$$w_i = \frac{A_i}{A_1 + A_2 + \ldots + A_n} \times 100\% \qquad （9\text{-}14）$$

当测量参数为峰高（h）时，则上面各式中的 A_i 改为 h_i 即可。

③ 内标法

当只测定试样中某几个组分，或试样中所有组分不能全部出峰时，不能应用归一化法，可采用内标法。所谓内标法是将一定量的纯物质（试样中不含有）作为内标物，加入准确称取的试样中，根据被测物和内标物的量及其在色谱图上相应的峰面积比，可求出某组分的含量。

因为　　　$$\frac{m_i}{m_s} = \frac{A_i f_i}{A_s f_s}$$

所以　　　$$m_i = \frac{A_i f_i m_s}{A_s f_s} = \frac{f_i m_s}{f_s} \cdot \frac{A_i}{A_s} = f_{i/s} \cdot \frac{A_i}{A_s} \cdot m_s \qquad （9\text{-}15）$$

此法的优点是定量较准确，不用测出校正因子，但每次分析都要准确称取试样和内标，比较费时，不宜用于做快速控制分析。

三、高效液相色谱法

流动相为液体的色谱称为液相色谱（LC）。当固定相为液体时，则叫液-液分配色谱（LLC）。如固定相为极性液体，流动相为非极性溶剂（如己烷）时，则叫正相色谱，反之则为反相色谱。当固定相为固体吸附剂或离子交换树脂或凝胶时，则分别叫液-固吸附色谱或离子交换色谱或凝胶色谱（又称空间排阻色谱）。

高效液相色谱法的优点是速度快、灵敏度高和分辨率好。此外还有：

（1）水样用量少，可以少到几微升；

（2）水样中被测组分未被高压破坏，仍能从馏分收集回来；

（3）不受水样中被测组分挥发性的约束，应用范围甚广。例如，气相色谱法只适用于沸点 450 ℃ 以下，分子量小于 450 的有机物分析，而这些有机物只占有机物总数的 15%～20%，而其余 80%～85%的有机物，可用高效液相色谱分析。

与气相色谱比较，虽然液相色谱法适用于非挥发性的、极性的、热力学不稳定的水样组分的测定（而这些又都是气相色谱法无能为力的）；但是就一般可用气相色谱法进行分离的组分来说，高效液相色谱的分辨率、灵敏度以及分离速度均逊于气相色谱。

气相色谱的理论和有关概念也适用于液相色谱，下面仅介绍与气相色谱的主要区别。

（一）高效液相色谱法的特点

高效液相色谱法除了前面所述的优点外， 还有下面一些特点：

（1）高压

高效液相色谱以液体为流动相，这种液体称作载液。载液流经色谱柱时， 受到的阻力较大。为此，对流动相施加高压，一般供液压力和进样压力高达 $1.52 \times 10^7 \sim 3.04 \times 10^7$ Pa，最高可达 5.07×10^4 Pa。

（2）高速

高效液相色谱由于采用了高压，流动相流动速度快，所以分析时间一般小于 1h。

（3）高效

有时一根色谱柱可分离 100 种以上的组分。

（二）高效液相色谱仪

典型的高效液相色谱仪的结构如图 9-4 所示。

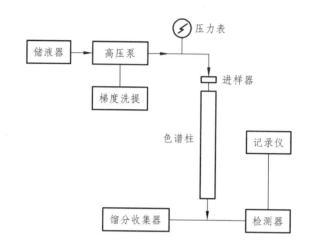

图 9-4　高效液相色谱仪结构示意图

高压液相色谱仪一般都具有流动相储液器、高压泵、梯度洗脱装置、进样器、色谱柱、检测器、记录仪等主要部件。流动相储液器内的载液，由高压泵送至色谱柱内（采用梯度洗脱时，一般需用双泵系统）。水样由进样器注入，并随载液进入色谱柱进行分离。分离后的各个组分进入检测器，转变成电信号，并在记录仪上获得电信号与时间流出曲线（色谱图）。可由峰高或峰面积定量。

1. 高压泵

高效液相色谱仪的主要部件之一。高压泵的作用是以很高的柱前压将载液输送入色谱柱，以维持载液在柱内有较快的流速。要求高压泵的压力平稳无脉动，流量稳定，死体积小。

2. 梯度洗脱装置

梯度洗脱是指分离过程中，使载液中不同极性溶剂按一定程度连续地改变它们的比例，以改变载液的极性或改变载液的浓度，来改变水样中被分离组分的分配系数，以提高分离效果和加速分离速度。

3. 进样器

高效液相色谱中，一般用注射器进样，但压力高于 9.8×10^6 Pa 时，需解除色谱柱入口压强和停止液流，才能顺利进样，也可用六通阀进样。

4. 色谱柱

（1）柱型

色谱柱是液相色谱的心脏部件。通常用直形的内部抛光的不锈钢管（受压力 2.5×10^7 Pa），（30~90）cm×2 mm（或 4 mm 或 5 mm）。如用厚壁玻璃柱时，则最大承受压力不得超过 7×10^6 Pa。选用何种柱型，视实际需要而定，一般均用不锈钢柱。

（2）固定相

高效液相色谱柱（或商品填充柱）的固定相依其性质来说，有下列四种类型：

① 吸附剂型

色谱柱内填充吸附剂，如硅胶、氧化铝、聚酰胺等，对流动相所含被测组分具有吸附作用。从固定相的结构来分有全多孔型硅胶微粒和薄壳型微球两种。前者为极小的硅胶微粒堆聚成的直径为 5~10 μm 的全多孔微球，传质距离短、柱效高、柱容量较大，应用较多；后者为直径很小的玻璃球外包一层吸附剂，传质快、重现性较好，但柱容量小，需配高灵敏度的检测器，现应用较少。

② 固定液

上述两种类型吸附剂大部分可作为载体，液相色谱中常用的固定液只有极性不同的几种，如 β,β'-氧二丙腈、正十八烷、角鲨烷、聚酰胺、羟乙基硅酮等。将固定液涂覆在载体上组成固定相，由于机械涂覆容易流失，因此，多用化学键合固定相。

③ 离子交换树脂型

采用阳离子交换树脂或阴离子交换树脂填充色谱柱，叫作离子交换型色谱柱。由于这种树脂具有高度的极性，所以在固定相与流动相载带的被测组分之间，发生离子交换作用，从而完成色谱分离。

④ 多孔凝胶型

色谱柱内填充多孔凝胶，可分为三类：软质凝胶（如葡萄糖凝胶、琼脂凝胶等）、半硬质凝胶（如苯乙烯-二乙烯基苯交联共聚物）和硬质凝胶（如多孔硅胶、多孔玻珠等）。

5. 检测器

液相色谱的检测器有两种基本类型。一类是溶质型检测器，它仅对被分离组分的物理或物理化学特性有影响，如紫外、荧光、电化学检测器等。另一类是总体检测器，它对试样和洗脱液总的物理或物理化学性质有响应，如示差折光、介电常数检测器等。

任务十五　水中乙腈的测定（气相色谱法）

❖ 任务描述 ❖

经过滤后的试样直接注入气相色谱仪，经色谱柱分离后，用氮磷检测器检测。用保留时间定性，外标法定量。

❖ 实施方法及步骤 ❖

1. 试剂和材料

（1）实验用水：二次蒸馏水或通过纯水设备制备的水。

使用前须经过空白检验，确认在目标化合物的保留时间区间内无干扰峰出现或目标化合物检测浓度低于方法检出限。

（2）乙腈（CH_3CN）：色谱纯。

（3）乙腈标准贮备液：$\rho(CH_3CN) \approx 1 \times 10^3$ mg·L^{-1}。

于 20 ℃室温下用乙腈配制。移取适量实验用水于 100 mL 容量瓶，置于天平上称重；并小心滴入数滴乙腈至增重约 100 mg（精确至 0.1 mg），再次称重，根据两次称重质量之差确定乙腈的准确加入质量。用实验用水定容至标线，摇匀，计算标准贮备液的准确浓度（精确至 1 mg·L^{-1}）。转入配备聚四氟乙烯螺旋瓶盖的棕色试剂瓶中，于 4 ℃以下冷藏、避光和密封可保存 3 个月。亦可直接购买市售有证标准物质（以水为溶剂）。

（4）乙腈标准使用液：$\rho(CH_3CN) = 10.0$ mg·L^{-1}。

依次移取适量实验用水和一定体积的乙腈标准贮备液于 100 mL 容量瓶中，用实验用水定容至标线，摇匀。临用现配。

（5）高纯氮气：纯度≥99.999 %。

（6）氢气：纯度≥99.95 %。

（7）空气：经变色硅胶除湿和脱烃管除烃的空气，或经 0.5 nm 分子筛净化的无油压缩空气。

（8）水相针式滤器：聚醚砜或混合纤维素酯，13 mm×0.45 μm。

2. 仪器和设备

除非另有说明，分析时均使用符合国家标准 A 级玻璃量器。

（1）气相色谱仪：具毛细柱分流/不分流进样口，配备氮磷检测器（NPD）。

（2）色谱柱：石英毛细管色谱柱，30 m×0.32 mm，膜厚 1.0 μm（聚乙二醇-20M 固定液），或其他等效色谱柱。

（3）试剂瓶：带聚四氟乙烯螺旋瓶盖的 100 mL 棕色试剂瓶。

（4）采样瓶：带聚四氟乙烯衬垫螺旋盖的 40 mL 棕色宽口采样瓶。

（5）样品瓶：2 mL，配备聚四氟乙烯衬垫螺旋盖。

（6）天平：万分之一天平。

（7）容量瓶：A 级，100 mL。

3. 样　品

（1）样品的采集

参照 HJ/T 91 和 HJ/T 164 的相关规定执行。用带聚四氟乙烯衬垫螺旋盖的 40 mL 棕色宽口采样瓶采集样品，采集的样品应充满采样瓶并加盖密封。每批次样品应至少带一个全程序空白（以同批次实验用水代替样品）。

（2）样品的运输和保存

样品采集后应于 4 ℃ 以下冷藏、避光、密封保存和运输。若不能及时分析，应于 4 ℃ 以下冷藏、避光和密封保存，保存期限不超过 6 d。样品存放区域应无有机物干扰。

（3）试样的制备

将采集的样品用水相针式滤器过滤至 2 mL 样品瓶，待测。

4. 分析步骤

（1）色谱分析参考条件

进样体积为 1.0 μL；进样口温度为 220 ℃；不分流进样，不分流进样时间为 0.75 min；柱箱温度为 50 ℃；柱流量为 5.0 mL/min；检测器温度为 330 ℃，氢气流量为 3.5 mL·min⁻¹，空气流量为 80 mL·min⁻¹。

（2）标准曲线的绘制

移取适量实验用水于 5 个 100 mL 棕色容量瓶，分别准确加入 1.0 mL、5.0 mL、10.0 mL、20.0 mL、50.0 mL 乙腈标准使用液，用实验用水定容至标线，摇匀。配制成乙腈质量浓度分别为 0.10 mg·L⁻¹、0.50 mg·L⁻¹、1.00 mg·L⁻¹、2.00 mg·L⁻¹、5.00 mg·L⁻¹ 的标准溶液，与质量浓度为 10.0 mg/L 的乙腈标准使用液合并为 6 个质量浓度的标准系列。由低浓度到高浓度依次移取 1.00 μL 注入气相色谱仪，按照色谱分析参考条件进行测定。以标准系列的浓度（mg·L⁻¹）为横坐标、对应的色谱峰峰面积（或峰高）为纵坐标，绘制标准曲线。

（3）标准参考色谱图

在给出的色谱分析参考条件下，乙腈的标准气相色谱图见图 9-5。

（4）试样的测定

按照与绘制标准曲线相同的色谱分析参考条件和步骤（2）进行试样的测定。

（5）空白试验

以同批次实验用水代替试样，按照与试样测定相同的色谱分析参考条件和步骤（4）进行空白试验。

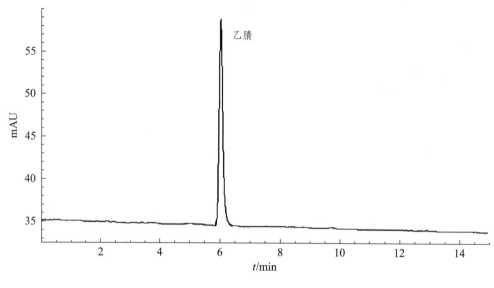

图 9-5　乙腈标准色谱图

5. 结果计算与表示

（1）乙腈的定性分析

根据样品中目标物与标准系列中目标物的保留时间，对目标物进行定性。样品分析前，建立保留时间窗 $t\pm3s$。t 为初次校准时，各浓度级别乙腈的保留时间均值，s 为初次校准时各浓度级别乙腈保留时间的标准偏差。样品分析时，目标物应在保留时间窗内出峰。

（2）乙腈的定量分析

① 结果计算

由标准曲线直接得到乙腈的浓度 ρ_1，水样中乙腈的浓度 ρ 按下式计算。

$$\rho=\rho_1\times f$$

式中　ρ—— 样品中乙腈的质量浓度，$mg\cdot L^{-1}$；

　　ρ_1——由标准曲线得到的乙腈浓度，$mg\cdot L^{-1}$；

　　f—— 样品的稀释倍数。

② 结果表示

当测定结果小于 $1\ mg\cdot L^{-1}$ 时，保留小数点后两位；当测定结果大于或等于 $1\ mg\cdot L^{-1}$ 时，保留三位有效数字。

参考文献

[1] 黄君礼. 水分析化学[M]. 3 版. 北京：中国建筑工业出版社，2008.

[2] 蔡明招. 分析化学[M]. 北京：化学工业出版社，2014.

[3] 夏淑梅. 水分析化学[M]. 北京：北京大学出版社，2012.

[4] 范文秀. 无机及分析化学[M]. 2 版. 北京：化学工业出版社，2012.

[5] 李发美. 分析化学[M]. 7 版.北京：人民卫生出版社，2015.

附　录

附录A　地表水环境质量标准（GB 3838—2002）

表 A.1　地表水环境质量标准基本项目标准限值

单位：mg·L^{-1}

序号	项目	I 类	II 类	III 类	IV 类	V 类
1	水温/°C	人为造成的环境水温变化应限制在： 周平均最大温升≤1；周平均最大温降≤2				
2	pH 值（无量纲）	6～9				
3	溶解氧≥	饱和率90% （或7.5）	6	5	3	2
4	高锰酸盐指数≤	2	4	6	10	15
5	化学需氧量 （COD）≥	15	15	20	30	40
6	五日生化需氧量 （BOD$_5$）≤	3	3	34	6	10
7	氨氮（NH$_3$-N）≤	0.15	0.5	1.0	1.5	2.0
8	总磷（以P计）≤	0.02 （湖、库0.01）	0.1 （湖、库0.025）	0.2 （湖、库0.05）	0.3 （湖、库0.1）	0.4 （湖、库0.5）
9	总氮（湖、库， 以N计）≤	0.2	0.5	1.0	1.5	2.0
10	铜≤	0.1	1.0	1.0	1.0	1.0
11	锌≤	0.05	1.0	1.0	2.0	2.0
12	氟化物（以F计）≤	1.0	1.0	1.0	1.5	1.5
13	硒≤	0.01	0.01	0.01	0.02	0.02
14	砷≤	0.05	0.05	0.05	0.1	0.1
15	汞≤	0.000 05	0.000 05	0.000 1	0.001	0.001

序号	项目	Ⅰ类	Ⅱ类	Ⅲ类	Ⅳ类	Ⅴ类
16	镉≤	0.001	0.005	0.005	0.005	0.01
17	铬（六价）≤	0.01	0.05	0.05	0.05	0.1
18	铅≤	0.01	0.01	0.05	0.05	0.1
19	氰化物≤	0.005	0.05	0.2	0.2	0.2
20	挥发酚≤	0.002	0.002	0.005	0.01	0.1
21	石油类≤	0.05	0.05	0.05	0.5	1.0
22	阴离子表面活性剂≤	0.2	0.2	0.2	0.3	0.3
23	硫化物≤	0.05	0.1	0.2	0.5	1.0
24	粪大肠菌群/个·L^{-1}≤	200	2000	10 000	20 000	40 000

表 A.2 集中式生活饮用水地表水源地补充项目标准限值

单位：mg/L

序 号	项 目	标准值
1	硫酸盐（以 SO_4^{2-} 计）	250
2	氯化物（以 Cl^- 计）	250
3	硝酸盐（以 N 计）	10
4	铁	0.3
5	锰	0.1

表 A.3 集中式生活用水地表水源地特定项目标准限值

单位：mg/L

序号	项目	标准值	序号	项目	标准值
1	三氯甲烷	0.06	8	1，1-二氯乙烯	0.03
2	四氯化碳	0.002	9	1，2-二氯乙烯	0.05
3	三溴甲烷	0.1	10	三氯乙烯	0.07
4	二氯甲烷	0.02	11	四氯乙烯	0.04
5	1，2-二氯乙烷	0.03	12	氯丁二烯	0.002
6	环氧氯丙烷	0.02	13	六氯丁二烯	0.0006
7	氯乙烯	0.005	14	苯乙烯	0.02

序号	项目	标准值	序号	项目	标准值
15	甲醛	0.9	41	丙烯酰胺	0.0005
16	乙醛	0.05	42	丙烯腈	0.1
17	丙烯醛	0.1	43	邻苯二甲酸二丁酯	0.003
18	三氯乙醛	0.01	44	邻苯二甲酸二(2-乙基己基)酯	0.008
19	苯	0.01	45	水合肼	0.01
20	甲苯	0.7	46	四乙基铅	0.0001
21	乙苯	0.3	47	吡啶	0.2
22	二甲苯①	0.5	48	松节油	0.2
23	异丙苯	0.25	49	苦味酸	0.5
24	氯苯	0.3	50	丁基黄原酸	0.005
25	1,2-二氯苯	1.0	51	活性氯	0.01
26	1,4-二氯苯	0.3	52	滴滴涕	0.001
27	三氯苯②	0.02	53	林丹	0.002
28	四氯苯③	0.02	54	环氧七氯	0.0002
29	六氯苯	0.05	55	对硫磷	0.003
30	硝基苯	0.017	56	甲基对硫磷	0.002
31	二硝基苯④	0.5	57	马拉硫磷	0.05
32	2,4-二硝基甲苯	0.0003	58	乐果	0.08
33	2,4,6-三硝基甲苯	0.5	59	敌敌畏	0.05
34	硝基氯苯⑤	0.05	60	敌百虫	0.05
35	2,4-二硝基氯苯	0.5	61	内吸磷	0.03
36	2,4-二氯苯酚	0.093	62	百菌清	0.01
37	2,4,6-三氯苯酚	0.2	63	甲萘威	0.05
38	五氯酚	0.009	64	溴氰菊酯	0.02
39	苯胺	0.1	65	阿特拉津	0.003
40	联苯胺	0.0002	66	苯并(a)芘	2.8×10^{-6}

序号	项目	标准值	序号	项目	标准值
67	甲基汞	1.0×10^{-6}	74	硼	0.5
68	多氯联苯⑥	2.0×10^{-5}	75	锑	0.005
69	微囊藻毒素-LR	0.001	76	镍	0.02
70	黄磷	0.003	77	钡	0.7
71	钼	0.07	78	钒	0.05
72	钴	1.0	79	钛	0.1
73	铍	0.002	80	铊	0.0001

注：①二甲苯：指对-二甲苯、间-二甲苯、邻-二甲苯。

②三氯苯：指1,2,3-三氯苯、1,2,4-三氯苯、1,3,5-三氯苯。

③四氯苯：指1,2,3,4-四氯苯、1,2,3,5-四氯苯、1,2,4,5-四氯苯。

④二硝基苯：指对-二硝基苯、间-二硝基氯苯、邻-二硝基苯。

⑤硝基氯苯：指对-硝基氯苯、间-硝基氯苯、邻-硝基氯苯。

⑥多氯联苯：指PCB-1016、PCB-1221、PCB-1232、PCB-1242、PCB-1248、PCB-1254、PCB-1260。

附录 B 地下水质量标准（GB/T 14848—93）

项目名称	指标				
	Ⅰ 类	Ⅱ 类	Ⅲ 类	Ⅳ 类	Ⅴ 类
色度（度）	≤5	≤5	≤15	≤25	>25
嗅和味	无	无	无	无	有
浑浊度（度）	≤3	≤3	≤3	≤10	>10
肉眼可见物	无	无	无	无	有
pH		6.5～8.5		5.5～6.5 8.5～9	<5.5，>9
总硬度（以 $CaCO_3$ 计）（mg/L）	≤150	≤300	≤450	≤550	>550
溶解性总固体（mg/L）	≤300	≤500	≤1000	≤2000	>2000
硫酸盐（mg/L）	≤50	≤150	≤250	≤350	>350
氯化物（mg/L）	≤50	≤150	≤250	≤350	>350
铁（Fe）（mg/L）	≤0.1	≤0.2	≤0.3	≤1.5	>1.5
锰（Mn）（mg/L）	≤0.05	≤0.05	≤0.1	≤1.0	>1.0
铜（Cu）（mg/L）	≤0.01	≤0.05	≤1.0	≤1.5	>1.5
锌（Zn）（mg/L）	≤0.05	≤0.5	≤1.0	≤5.0	>5.0
钼（Mo）（mg/L）	≤0.001	≤0.01	≤0.1	≤0.5	>0.5
钴（Co）（mg/L）	≤0.005	≤0.05	≤0.05	≤1.0	>1.0
挥发性酚类（以苯酚计）（mg/L）	≤0.001	≤0.001	≤0.002	≤0.01	>0.01
阴离子合成洗涤剂（mg/L）	不得检出	≤0.1	≤0.3	≤0.3	>0.3
高锰酸盐指数（mg/L）	≤1.0	≤2.0	≤3.0	≤10	>10
硝酸盐（以 N 计）（mg/L）	≤2.0	≤5.0	≤20	≤30	>30
亚硝酸盐（以 N 计）（mg/L）	≤0.001	≤0.01	≤0.02	≤0.1	>0.1
氨氮（NH_3-N）（mg/L）	≤0.02	≤0.02	≤0.2	≤0.5	>0.5
氟化物（mg/L）	≤1.0	≤1.0	≤1.0	≤2.0	>2.0
碘化物（mg/L）	≤0.1	≤0.1	≤0.2	≤1.0	>1.0
氰化物（mg/L）	≤0.001	≤0.01	≤0.05	≤0.1	>0.1
汞（Hg）（mg/L）	≤0.000 05	≤0.0005	≤0.001	≤0.001	>0.001
砷（As）（mg/L）	≤0.005	≤0.01	≤0.05	≤0.05	>0.05

项目名称	指标				
	Ⅰ类	Ⅱ类	Ⅲ类	Ⅳ类	Ⅴ类
硒（Se）（mg/L）	≤0.01	≤0.01	≤0.01	≤0.1	>0.1
镉（Cd）（mg/L）	≤0.0001	≤0.001	≤0.01	≤0.01	>0.01
铬（六价）（Cr^{6+}）（mg/L）	≤0.005	≤0.01	≤0.05	≤0.1	>0.1
铅（Pb）（mg/L）	≤0.005	≤0.01	≤0.05	≤0.1	>0.1
铍（Be）（mg/L）	≤0.000 02	≤0.0001	≤0.0002	≤0.001	>0.001
钡（Ba）（mg/L）	≤0.01	≤0.1	≤1.0	≤4.0	>4.0
镍（Ni）（mg/L）	≤0.005	≤0.05	≤0.05	≤0.1	>0.1
滴滴滴（μg/L）	不得检出	≤0.005	≤1.0	≤1.0	>1.0
六六六（μg/L）	≤0.005	≤0.05	≤5.0	≤5.0	>5.0
总大肠菌群（个/L）	≤3.0	≤3.0	≤3.0	≤100	>100
细菌总数（个/L）	≤100	≤100	≤100	≤1000	>1000
总α放射性（Bq/L）	≤0.1	≤0.1	≤0.1	>0.1	>0.1
总β放射性（Bq/L）	≤0.1	≤1.0	≤1.0	>1.0	>1.0

附录C 生活饮用水卫生标准（GB 5749—2006）

表 C.1 水质常规指标及限值

指　　标	限　　值
1. 微生物指标①	
总大肠菌群（MPN/100 mL 或 CFU/100 mL）	不得检出
耐热大肠菌群（MPN/100 mL 或 CFU/100 mL）	不得检出
大肠埃希氏菌（MPN/100 mL 或 CFU/100 mL）	不得检出
菌落总数（CFU/mL）	100
2. 毒理指标	
砷（mg/L）	0.01
镉（mg/L）	0.005
铬（六价，mg/L）	0.05
铅（mg/L）	0.01
汞（mg/L）	0.001
硒（mg/L）	0.01
氰化物（mg/L）	0.05
氟化物（mg/L）	1.0
硝酸盐（以 N 计，mg/L）	10 地下水源限制时为 20
三氯甲烷（mg/L）	0.06
四氯化碳（mg/L）	0.002
溴酸盐（使用臭氧时，mg/L）	0.01
甲醛（使用臭氧时，mg/L）	0.9
亚氯酸盐（使用二氧化氯消毒时，mg/L）	0.7
氯酸盐（使用复合二氧化氯消毒时，mg/L）	0.7
3. 感官性状和一般化学指标	
色度（铂钴色度单位）	15
浑浊度（NTU-散射浊度单位）	1 水源与净水技术条件限制时为 3
臭和味	无异臭、异味
肉眼可见物	无

指　　标	限　　值
pH（pH 单位）	不小于 6.5 且不大于 8.5
铝（mg·L^{-1}）	0.2
铁（mg·L^{-1}）	0.3
锰（mg·L^{-1}）	0.1
铜（mg·L^{-1}）	1.0
锌（mg·L^{-1}）	1.0
氯化物（mg·L^{-1}）	250
硫酸盐（mg·L^{-1}）	250
溶解性总固体（mg·L^{-1}）	1000
总硬度（以 CaCO$_3$ 计，mg·L^{-1}）	450
耗氧量（COD$_{Mn}$法，以 O$_2$ 计，mg·L^{-1}）	3 水源限制，原水耗氧量＞6 mg·L^{-1} 时为 5
挥发酚类（以苯酚计，mg·L^{-1}）	0.002
阴离子合成洗涤剂（mg·L^{-1}）	0.3
4. 放射性指标[②]	指导值
总 α 放射性（Bq·L^{-1}）	0.5
总 β 放射性（Bq·L^{-1}）	1

注：① MPN 表示最可能数；CFU 表示菌落形成单位。当水样检出总大肠菌群时，应进一
　　步检验大肠埃希氏菌或耐热大肠菌群；水样未检出总大肠菌群，不必检验大肠埃希
　　氏菌或耐热大肠菌群。

　　② 放射性指标超过指导值，应进行核素分析和评价，判定能否饮用。

表 C.2　饮用水中消毒剂常规指标及要求

消毒剂名称	与水接触时间	出厂水中限值	出厂水中余量	管网末梢水中余量
氯气及游离氯制剂（游离氯，mg/L）	至少 30 min	4	≥0.3	≥0.05
一氯胺（总氯，mg/L）	至少 120 min	3	≥0.5	≥0.05
臭氧（O$_3$，mg/L）	至少 12 min	0.3		0.02 如加氯，总氯≥0.05
二氧化氯（ClO$_2$，mg/L）	至少 30 min	0.8	≥0.1	≥0.02

表 C.3 水质非常规指标及限值

指　　　标	限　　值
1. 微生物指标	
贾第鞭毛虫（个/10 L）	<1
隐孢子虫（个/10 L）	<1
2. 毒理指标	
锑（mg/L）	0.005
钡（mg/L）	0.7
铍（mg/L）	0.002
硼（mg/L）	0.5
钼（mg/L）	0.07
镍（mg/L）	0.02
银（mg/L）	0.05
铊（mg/L）	0.0001
氯化氰（以 CN⁻计，mg/L）	0.07
一氯二溴甲烷（mg/L）	0.1
二氯一溴甲烷（mg/L）	0.06
二氯乙酸（mg/L）	0.05
1, 2-二氯乙烷（mg/L）	0.03
二氯甲烷（mg/L）	0.02
三卤甲烷（三氯甲烷、一氯二溴甲烷、二氯一溴甲烷、三溴甲烷的总和）	该类化合物中各种化合物的实测浓度与其各自限值的比值之和不超过 1
1, 1, 1-三氯乙烷（mg/L）	2
三氯乙酸（mg/L）	0.1
三氯乙醛（mg/L）	0.01
2, 4, 6-三氯酚（mg/L）	0.2
三溴甲烷（mg/L）	0.1
七氯（mg/L）	0.0004
马拉硫磷（mg/L）	0.25
五氯酚（mg/L）	0.009
六六六（总量，mg/L）	0.005
六氯苯（mg/L）	0.001
乐果（mg/L）	0.08

指　标	限　值
对硫磷（mg/L）	0.003
灭草松（mg/L）	0.3
甲基对硫磷（mg/L）	0.02
百菌清（mg/L）	0.01
呋喃丹（mg/L）	0.007
林丹（mg/L）	0.002
毒死蜱（mg/L）	0.03
草甘膦（mg/L）	0.7
敌敌畏（mg/L）	0.001
莠去津（mg/L）	0.002
溴氰菊酯（mg/L）	0.02
2, 4-滴（mg/L）	0.03
滴滴涕（mg/L）	0.001
乙苯（mg/L）	0.3
二甲苯（mg/L）	0.5
1, 1-二氯乙烯（mg/L）	0.03
1, 2-二氯乙烯（mg/L）	0.05
1, 2-二氯苯（mg/L）	1
1, 4-二氯苯（mg/L）	0.3
三氯乙烯（mg/L）	0.07
三氯苯（总量，mg/L）	0.02
六氯丁二烯（mg/L）	0.0006
丙烯酰胺（mg/L）	0.0005
四氯乙烯（mg/L）	0.04
甲苯（mg/L）	0.7
邻苯二甲酸二（2-乙基己基）酯（mg/L）	0.008
环氧氯丙烷（mg/L）	0.0004
苯（mg/L）	0.01
苯乙烯（mg/L）	0.02
苯并（a）芘（mg/L）	0.000 01
氯乙烯（mg/L）	0.005

指　标	限　值
氯苯（mg/L）	0.3
微囊藻毒素-LR（mg/L）	0.001
3. 感官性状和一般化学指标	
氨氮（以 N 计，mg/L）	0.5
硫化物（mg/L）	0.02
钠（mg/L）	200

表 C.4　农村小型集中式供水和分散式供水部分水质指标及限值

指　标	限　值
1. 微生物指标	
菌落总数（CFU/mL）	500
2. 毒理指标	
砷（mg/L）	0.05
氟化物（mg/L）	1.2
硝酸盐（以 N 计，mg/L）	20
3. 感官性状和一般化学指标	
色度（铂钴色度单位）	20
浑浊度（NTU-散射浊度单位）	3 水源与净水技术条件限制时为 5
pH（pH 单位）	不小于 6.5 且不大于 9.5
溶解性总固体（mg/L）	1500
总硬度（以 $CaCO_3$ 计，mg/L）	550
耗氧量（COD_{Mn}法，以 O_2 计，mg/L）	5
铁（mg/L）	0.5
锰（mg/L）	0.3
氯化物（mg/L）	300
硫酸盐（mg/L）	300

附录 D 污水综合排放标准（GB 8978—1996）

表 D.1 第一类污染物最高允许排放浓度

单位：mg/L

序号	污染物	最高允许排放浓度
1	总汞	0.05
2	烷基汞	不得检出
3	总镉	0.1
4	总铬	1.5
5	六价铬	0.5
6	总砷	0.5
7	总铅	1.0
8	总镍	1.0
9	苯并（a）芘	0.00003
10	总铍	0.005
11	总银	0.5
12	总 α 放射性	1 Bq/L
13	总 β 放射性	10 Bq/L

表 D.2 第二类污染物最高允许排放浓度（1997 年 12 月 31 日之前建设的单位）

单位：mg/L

序号	污染物	适用范围	一级标准	二级标准	三级标准
1	pH	一切排污单位	6~9	6~9	6~9
2	色度（稀释倍数）	染料工业	50	180	—
		其他排污单位	50	80	—
3	悬浮物（SS）	采矿、选矿、选煤工业	100	300	—
		脉金选矿	100	500	—
		边远地区砂金选矿	100	800	—
		城镇二级污水处理厂	20	30	—
		其他排污单位	70	200	400
4	五日生化需氧量（BOD$_5$）	甘蔗制糖、苎麻脱胶、湿法纤维板工业	30	100	600
		甜菜制糖、酒精、味精、皮革、化纤浆粕工业	30	150	600

序号	污染物	适用范围	一级标准	二级标准	三级标准
4	五日生化需氧量（BOD₅）	城镇二级污水处理厂	20	30	—
		其他排污单位	30	60	300
5	化学需氧量（COD）	甜菜制糖、焦化、合成脂肪酸、湿法纤维板、染料、洗毛、有机磷农药工业	100	200	1000
		味精、酒精、医药原料药、生物制药、苎麻脱胶、皮革、化纤浆粕工业	100	300	1000
		石油化工工业（包括石油炼制）	100	150	500
		城镇二级污水处理厂	60	120	—
		其他排污单位	100	150	500
6	石油类	一切排污单位	10	10	30
7	动植物油	一切排污单位	20	20	100
8	挥发酚	一切排污单位	0.5	0.5	2.0
9	总氰化合物	电影洗片（铁氰化合物）	0.5	5.0	5.0
		其他排污单位	0.5	0.5	1.0
10	硫化物	一切排污单位	1.0	1.0	2.0
11	氨氮	医药原料药、染料、石油化工工业	15	50	—
		其他排污单位	15	25	—
12	氟化物	黄磷工业	10	20	20
		低氟地区（水体含氟量＜0.5mg/L）	10	20	30
		其他排污单位	10	10	20
13	磷酸盐（以P计）	一切排污单位	0.5	1.0	—
14	甲醛	一切排污单位	1.0	2.0	5.0
15	苯胺类	一切排污单位	1.0	2.0	5.0
16	硝基苯类	一切排污单位	2.0	3.0	5.0
17	阴离子表面活性剂（LAS）	合成洗涤剂工业	5.0	15	20
		其他排污单位	5.0	10	20
18	总铜	一切排污单位	0.5	1.0	2.0
19	总锌	一切排污单位	2.0	5.0	5.0
20	总锰	合成脂肪酸工业	2.0	5.0	5.0
		其他排污单位	2.0	2.0	5.0
21	彩色显影剂	电影洗片	2.0	3.0	5.0

序号	污染物	适用范围	一级标准	二级标准	三级标准
22	显影剂及氧化物总量	电影洗片	3.0	6.0	6.0
23	元素磷	一切排污单位	0.1	0.3	0.3
24	有机磷农药（以P计）	一切排污单位	不得检出	0.5	0.5
25	粪大肠菌群数	医院*、兽医院及医疗机构含病原体污水	500 个/L	1000 个/L	5000 个/L
		传染病、结核病医院污水	100 个/L	500 个/L	1000 个/L
26	总余氯（采用氯化消毒的医院污水）	医院*、兽医院及医疗机构含病原体污水	<0.5**	>3（接触时间≥1 h）	>2（接触时间≥1 h）
		传染病、结核病医院污水	<0.5**	>6.5（接触时间≥1.5 h）	>5（接触时间≥1.5 h）

注：*指 50 个床位以上的医院。

　　**加氯消毒后须进行脱氯处理，达到本标准

表 D.3　部分行业最高允许排水量（1997 年 12 月 31 日之前建设的单位）

序号	行业类别			最高允许排水量或最低允许水重复利用率
1	矿山工业	有色金属系统选矿		水重复利用率 75%
		其他矿山工业采矿、选矿、选煤等		水重复利用率 90%（选煤）
		脉金选矿	重选	16.0 m³/t（矿石）
			浮选	9.0 m³/t（矿石）
			氰化	8.0 m³/t（矿石）
			碳浆	8.0 m³/t（矿石）
2	焦化企业（煤气厂）			1.2 m³/t（焦炭）
3	有色金属冶炼及金属加工			水重复利用率 80%
4	石油炼制工业（不包括直排水炼油厂）加工深度分类： A. 燃料型炼油 B. 燃料+润滑油型炼油厂 C. 燃料+润滑油型+炼油化工型炼油厂（包括加工高含硫原油、页岩油和石油添加剂生产基地的炼油厂）			A>500 万吨，1.0 m³/t（原油） 250～500 万吨，1.2 m³/t（原油） <250 万吨，1.5 m³/t（原油）
				B>500 万吨，1.5 m³/t（原油） 250～500 万吨，2.0 m³/t（原油） <250 万吨，2.0 m³/t（原油）
				C>500 万吨，2.0 m³/t（原油） 250～500 万吨，2.5 m³/t（原油） <250 万吨，2.5 m³/t（原油）

序号	行业类别		最高允许排水量或最低允许水重复利用率
5	合成洗涤剂工业	氯化法生产烷基苯	200.0 m³/t（烷基苯）
		裂解法生产烷基苯	70.0 m³/t（烷基苯）
		烷基苯生产合成洗涤剂	10.0 m³/t（产品）
6	合成脂肪酸工业		200.0 m³/t（产品）
7	湿法生产纤维板工业		30.0 m³/t（板）
8	制糖工业	甘蔗制糖	10.0 m³/t（甘蔗）
		甜菜制糖	4.0 m³/t（甜菜）
9	皮革工业	猪盐湿皮	60.0 m³/t（原皮）
		牛干皮	100.0 m³/t（原皮）
		羊干皮	150.0 m³/t（原皮）
10	发酵酿造工业	酒精工业 以玉米为原料	150.0 m³/t（酒精）
		酒精工业 以薯类为原料	100 m³/t（酒精）
		酒精工业 以糖蜜为原料	80.0 m³/t（酒）
		味精工业	600.0 m³/t（味精）
		啤酒工业（排水量不包括麦芽水部分）	16.0 m³/t（啤酒）
11	铬盐工业		5.0 m³/t（产品）
12	硫酸工业（水洗法）		15.0 m³/t（硫酸）
13	苎麻脱胶工业		500 m³/t（原麻）或 750 m³/t（精干麻）
14	化纤浆粕		本色：150 m³/t（浆）漂白：240 m³/t（浆）
15	粘胶纤维工业（单纯纤维）	短纤维（棉型中长纤维、毛型中长纤维）	300 m³/t（纤维）
		长纤维	800 m³/t（纤维）
16	铁路货车洗刷		5.0 m³/辆
17	电影洗片		5 m³/1000 m（35 mm 的胶片）
18	石油沥青工业		冷却池的水循环利用率 95%

表 D.4　第二类污染物最高允许排放浓度（1998 年 1 月 1 日后建设的单位（mg/L）

序号	污染物	适用范围	一级标准	二级标准	三级标准
1	pH	一切排污单位	6~9	6~9	6~9
2	色度（稀释倍数）	一切排污单位	50	80	—
3	悬浮物（SS）	采矿、选矿、选煤工业	70	300	—
		脉金选矿	70	400	—

序号	污染物	适用范围	一级标准	二级标准	三级标准
3	悬浮物（SS）	边远地区砂金选矿	70	800	—
		城镇二级污水处理厂	20	30	—
		其他排污单位	70	150	400
4	五日生化需氧量（BOD₅）	甘蔗制糖、苎麻脱胶、湿法纤维板、染料、洗毛工业	20	60	600
		甜菜制糖、酒精、味精、皮革、化纤浆粕工业	20	100	600
		城镇二级污水处理厂	20	30	—
		其他排污单位	20	30	300
5	化学需氧量（COD）	甜菜制糖、合成脂肪酸、湿法纤维板、染料、洗毛、有机磷农药工业	100	200	1000
		味精、酒精、医药原料药、生物制药、苎麻脱胶、皮革、化纤浆粕工业	100	300	1000
		石油化工工业（包括石油炼制）	60	120	—
		城镇二级污水处理厂	60	120	500
		其他排污单位	100	150	500
6	石油类	一切排污单位	5	10	20
7	动植物油	一切排污单位	10	15	100
8	挥发酚	一切排污单位	0.5	0.5	2.0
9	总氰化合物	一切排污单位	0.5	0.5	1.0
10	硫化物	一切排污单位	1.0	1.0	1.0
11	氨氮	医药原料药、染料、石油化工工业	15	50	—
		其他排污单位	15	25	—
12	氟化物	黄磷工业	10	15	20
		低氟地区（水体含氟量<0.5mg/L）	10	20	30
		其他排污单位	10	10	20
13	磷酸盐（以P计）	一切排污单位	0.5	1.0	—
14	甲醛	一切排污单位	1.0	2.0	5.0
15	苯胺类	一切排污单位	1.0	2.0	5.0

序号	污染物	适用范围	一级标准	二级标准	三级标准
16	硝基苯类	一切排污单位	2.0	3.0	5.0
17	阴离子表面活性剂（LAS）	一切排污单位	5.0	10	20
18	总铜	一切排污单位	0.5	1.0	2.0
19	总锌	一切排污单位	2.0	5.0	5.0
20	总锰	合成脂肪酸工业	2.0	5.0	5.0
		其他排污单位	2.0	2.0	5.0
21	彩色显影剂	电影洗片	1.0	2.0	3.0
22	显影剂及氧化物总量	电影洗片	3.0	3.0	6.0
23	元素磷	一切排污单位	0.1	0.1	0.3
24	有机磷农药（以P计）	一切排污单位	不得检出	0.5	0.5
25	乐果	一切排污单位	不得检出	1.0	2.0
26	对硫磷	一切排污单位	不得检出	1.0	2.0
27	甲基对硫磷	一切排污单位	不得检出	1.0	2.0
28	马拉硫磷	一切排污单位	不得检出	5.0	10
29	五氯酚及五氯酚钠（以五氯酚计）	一切排污单位	5.0	8.0	10
30	可吸附有机卤化物（AOX）（以Cl计）	一切排污单位	1.0	5.0	8.0
31	三氯甲烷	一切排污单位	0.3	0.6	1.0
32	四氯化碳	一切排污单位	0.03	0.06	0.5
33	三氯乙烯	一切排污单位	0.3	0.6	1.0
34	四氯乙烯	一切排污单位	0.1	0.2	0.5
35	苯	一切排污单位	0.1	0.2	0.5
36	甲苯	一切排污单位	0.1	0.2	0.5
37	乙苯	一切排污单位	0.4	0.6	1.0
38	邻-二甲苯	一切排污单位	0.4	0.6	1.0
39	对-二甲苯	一切排污单位	0.4	0.6	1.0
40	间-二甲苯	一切排污单位	0.4	0.6	1.0
41	氯苯	一切排污单位	0.2	0.4	1.0
42	邻-二氯苯	一切排污单位	0.4	0.6	1.0

序号	污染物	适用范围	一级标准	二级标准	三级标准
43	对-二氯苯	一切排污单位	0.4	0.6	1.0
44	对-硝基氯苯	一切排污单位	0.5	1.0	5.0
45	2,4-二硝基氯苯	一切排污单位	0.5	1.0	5.0
46	苯酚	一切排污单位	0.3	0.4	1.0
47	间-甲酚	一切排污单位	0.1	0.2	0.5
48	2,4-二氯酚	一切排污单位	0.6	0.8	1.0
49	2,4,6-三氯酚	一切排污单位	0.6	0.8	1.0
50	邻苯二甲酸二丁酯	一切排污单位	0.2	0.4	2.0
51	邻苯二甲酸二辛酯	一切排污单位	0.3	0.6	2.0
52	丙烯腈	一切排污单位	2.0	5.0	5.0
53	总硒	一切排污单位	0.1	0.2	0.5
54	粪大肠菌群数	医院*、兽医院及医疗机构含病原体污水	500 个/L	1000 个/L	5000 个/L
		传染病、结核病医院污水	100 个/L	500 个/L	1000 个/L
55	总余氯（采用氯化消毒的医院污水）	医院*、兽医院及医疗机构含病原体污水	<0.5**	>3（接触时间≥1 h）	>2（接触时间≥1 h）
		传染病、结核病医院污水	<0.5**	>6.5（接触时间≥1.5 h）	>5（接触时间≥1.5 h）
56	总有机碳（TOC）	合成脂肪酸工业	20	40	—
		苎麻脱胶工业	20	60	—
		其他排污单位	20	30	—

注：其他排污单位：指除在该控制项目中所列行业以外的一切排污单位。

*指50个床位以上的医院。

**加氯消毒后须进行脱氯处理，达到本标准。

表 D.5　部分行业最高允许排水量（1998 年 1 月 1 日后建设的单位）

序号	行业类别			最高允许排水量或最低允许排水重复利用率
1	矿山工业	有色金属系统选矿		水重复利用率75%
		其他矿山工业采矿、选矿、选煤等		水重复利用率90%（选煤）
		脉金选矿	重选	16.0 m³/t（矿石）
			浮选	9.0 m³/t（矿石）
			氰化	8.0 m³/t（矿石）
			碳浆	8.0 m³/t（矿石）

序号	行业类别		最高允许排水量或最低允许排水重复利用率	
2	焦化企业（煤气厂）		1.2 m³/t（焦炭）	
3	有色金属冶炼及金属加工		水重复利用率80%	
4	石油炼制工业（不包括直排水炼油厂）加工深度分类： A. 燃料型炼油厂 B. 燃料＋润滑油型炼油厂 C. 燃料＋润滑油型＋炼油化工型炼油厂（包括加工高含硫原油页岩油和石油添加剂生产基地的炼油厂）	A	>500万吨 1.0 m³/t（原油） 250～500万吨，1.2 m³/t（原油） <250万吨，1.5 m³/t（原油）	
		B	>500万吨，1.5 m³/t（原油） 250～500万吨，2.0 m³/t（原油） <250万吨，2.0 m³/t（原油）	
		C	>500万吨，2.0 m³/t（原油） 250～500万吨，2.5 m³/t（原油） <250万吨，2.5 m³/t（原油）	
5	合成洗涤剂工业	氯化法生产烷基苯	200.0 m³/t（烷基苯）	
		裂解法生产烷基苯	70.0 m³/t（烷基苯）	
		烷基苯生产合成洗涤剂	10.0 m³/t（产品）	
6	合成脂肪酸工业		200.0 m³/t（产品）	
7	湿法生产纤维板工业		30.0 m³/t（板）	
8	制糖工业	甘蔗制糖	10.0 m³/t	
		甜菜制糖	4.0 m³/t	
9	皮革工业	猪盐湿皮	60.0 m³/t	
		牛干皮	100.0 m³/t	
		羊干皮	150.0 m³/t	
10	发酵、酿造工业	酒精工业 以玉米为原料	100.0 m³/t	
		以薯类为原料	80.0 m³/t	
		以糖蜜为原料	70.0 m³/t	
		味精工业	600.0 m³/t	
		啤酒行业（排水量不包括麦芽水部分）	16.0 m³/t	
11	铬盐工业		5.0 m³/t（产品）	
12	硫酸工业（水洗法）		15.0 m³/t（硫酸）	
13	苎麻脱胶工业		500 m³/t（原麻）	
			750 m³/t（精干麻）	
14	粘胶纤维工业单纯纤维	短纤维（棉型中长纤维、毛型中长纤维）	300.0 m³/t（纤维）	
		长纤维	800.0 m³/t（纤维）	

序号	行业类别		最高允许排水量或 最低允许排水重复利用率
15	化纤浆粕		本色：150 m³/t（浆）； 漂白：240 m³/t（浆）
16	制药工业医药原料药	青霉素	4700 m³/t（青霉素）
		链霉素	1450 m³/t（链霉素）
		土霉素	1300 m³/t（土霉素）
		四环素	1900 m³/t（四环素）
		洁霉素	9200 m³/t（洁霉素）
		金霉素	3000 m³/t（金霉素）
		庆大霉素	20 400 m³/t（庆大霉素）
		维生素 C	1200 m³/t（维生素 C）
		氯霉素	2700 m³/t（氯霉素）
		新诺明	2000 m³/t（新诺明）
		维生素 B_1	3400 m³/t（维生素 B1）
		安乃近	180 m³/t（安乃近）
		非那西汀	750 m³/t（非那西汀）
		呋喃唑酮	2400 m³/t（呋喃唑酮）
		咖啡因	1200 m³/t（咖啡因）
17	有机磷农药工业	乐果	700 m³/t（产品）
		甲基对硫磷（水相法）	300 m³/t（产品）
		对硫磷（P2S5 法）	500 m³/t（产品）
		对硫磷（PSCl₃ 法）	550 m³/t（产品）
		敌敌畏（敌百虫碱解法）	200 m³/t（产品）
		敌百虫	40 m³/t（产品） （不包括三氯乙醛生产废水）
		马拉硫磷	700 m³/t（产品）
18	除草剂工业	除草醚	5 m³/t（产品）
		五氯酚钠	2 m³/t（产品）
		五氯酚	4 m³/t（产品）
		2 甲 4 氯	14 m³/t（产品）
		2,4-D	4 m³/t（产品）
		丁草胺	4.5 m³/t（产品）
		绿麦隆（以 Fe 粉还原）	2 m³/t（产品）
		绿麦隆（以 Na₂S 还原）	3 m³/t（产品）

序号	行业类别	最高允许排水量或 最低允许排水重复利用率
19	火力发电工业	3.5 m³（MW·h）
20	铁路货车洗刷	5.0 m³/辆
21	电影洗片	5 m³/1000 m（35 mm 胶片）
22	石油沥青工业	冷却池的水循环利用率 95%

附录E 弱酸、弱碱在水中的电离常数（25 ℃、$I=0$）

弱酸	分子式	K_a	pK_a
砷酸	H_3AsO_4	6.3×10^{-3}（K_{a1}） 1.0×10^{-7}（K_{a2}） 3.2×10^{-12}（K_{a3}）	2.20 7.00 11.50
亚砷酸	$HAsO_2$	6.0×10^{-10}	9.22
硼酸	H_3BO_3	5.8×10^{-10}	9.24
焦硼酸	$H_2B_4O_7$	1.0×10^{-4}（K_{a1}） 1.0×10^{-9}（K_{a2}）	4 9
碳酸	$H_2CO_3(CO_2+H_2O)$	4.2×10^{-7}（K_{a1}） 5.6×10^{-11}（K_{a2}）	6.38 10.25
氢氰酸	HCN	6.2×10^{-10}	9.21
铬酸	H_2CrO_4	1.8×10^{-1}（K_{a1}） 3.2×10^{-7}（K_{a2}）	0.74 6.50
氢氟酸	HF	6.6×10^{-4}	3.18
亚硝酸	HNO_2	5.1×10^{-4}	3.29
过氧化氢	H_2O_2	1.8×10^{-12}	11.75
磷酸	H_3PO_4	7.6×10^{-3}（K_{a1}） 6.3×10^{-8}（K_{a2}） 4.4×10^{-13}（K_{a3}）	2.12 7.2 12.36
焦磷酸	$H_4P_2O_7$	3.0×10^{-2}（K_{a1}） 4.4×10^{-3}（K_{a2}） 2.5×10^{-7}（K_{a3}） 5.6×10^{-10}（K_{a4}）	1.52 2.36 6.60 9.25
亚磷酸	H_3PO_3	5.0×10^{-2}（K_{a1}） 2.5×10^{-7}（K_{a2}）	1.30 6.60
氢硫酸	H_2S	1.3×10^{-7}（K_{a1}） 7.1×10^{-15}（K_{a2}）	6.88 14.15

弱酸	分子式	K_a	pK_a
硫酸	HSO_4^-	1.0×10^{-2}（K_{a1}）	1.99
亚硫酸	H_3SO_3（SO_2+H_2O）	1.3×10^{-2}（K_{a1}） 6.3×10^{-8}（K_{a2}）	1.90 7.20
偏硅酸	H_2SiO_3	1.7×10^{-10}（K_{a1}） 1.6×10^{-12}（K_{a2}）	9.77 11.8
甲酸	$HCOOH$	1.8×10^{-4}	3.74
乙酸	CH_3COOH	1.8×10^{-5}	4.74
一氯乙酸	$CH_2ClCOOH$	1.4×10^{-3}	2.86
二氯乙酸	$CHCl_2COOH$	5.0×10^{-2}	1.30
三氯乙酸	CCl_3COOH	0.23	0.64
氨基乙酸盐	$^+NH_3CH_2COOH^-$ $^+NH_3CH_2COO^-$	4.5×10^{-3}（K_{a1}） 2.5×10^{-10}（K_{a2}）	2.35 9.60
抗坏血酸	$-CHOH-CH_2OH$	5.0×10^{-5}（K_{a1}） 1.5×10^{-10}（K_{a2}）	4.30 9.82
乳酸	$CH_3CHOHCOOH$	1.4×10^{-4}	3.86
苯甲酸	C_6H_5COOH	6.2×10^{-5}	4.21
草酸	$H_2C_2O_4$	5.9×10^{-2}（K_{a1}） 6.4×10^{-5}（K_{a2}）	1.22 4.19
d-酒石酸	$CH(OH)COOH$ $CH(OH)COOH$	9.1×10^{-4}（K_{a1}） 4.3×10^{-5}（K_{a2}）	3.04 4.37
柠檬酸	CH_2COOH $CH(OH)COOH$ CH_2COOH	7.4×10^{-4}（K_{a1}） 1.7×10^{-5}（K_{a2}） 4.0×10^{-7}（K_{a3}）	3.13 4.76 6.40
苯酚	C_6H_5OH	1.1×10^{-10}	9.95
乙二胺四乙酸	H_6-EDTA^{2+} H_5-EDTA^+ H_4-EDTA H_3-EDTA^- H_2-EDTA^{2-} $H-EDTA^{3-}$	0.1（K_{a1}） 3×10^{-2}（K_{a2}） 1×10^{-2}（K_{a3}） 2.1×10^{-3}（K_{a4}） 6.9×10^{-7}（K_{a5}） 5.5×10^{-11}（K_{a6}）	0.9 1.6 2.0 2.67 6.17 10.26

弱酸	分子式	K_a	pK_a
氨水	NH_3	1.8×10^{-5}	4.74
联氨	H_2NNH_2	3.0×10^{-6}（K_{b1}） 1.7×10^{-5}（K_{b2}）	5.52 14.12
羟胺	NH_2OH	9.1×10^{-6}	8.04
甲胺	CH_3NH_2	4.2×10^{-4}	3.38
乙胺	$C_2H_5NH_2$	5.6×10^{-4}	3.25
二甲胺	$(CH_3)_2NH$	1.2×10^{-4}	3.93
二乙胺	$(C_2H_5)_2NH$	1.3×10^{-3}	2.89
乙醇胺	$HOCH_2CH_2NH_2$	3.2×10^{-5}	4.50
三乙醇胺	$(HOCH_2CH_2)_3N$	5.8×10^{-7}	6.24
六次甲基四胺	$(CH_2)_6N_4$	1.4×10^{-9}	8.85
乙二胺	$H_2NHC_2CH_2NH_2$	8.5×10^{-5}（K_{b1}） 7.1×10^{-8}（K_{b2}）	4.07 7.15

附录F 难溶化合物的溶度积常数

分子式	K_{sp}	分子式	K_{sp}
AgCl	1.8×10^{-10}	Fe(OH)$_2$	4.87×10^{-17}
AgBr	5.35×10^{-13}	Fe(OH)$_3$	2.64×10^{-39}
AgI	8.51×10^{-17}	FeS	1.59×10^{-19}
Ag$_2$CO$_3$	8.45×10^{-12}	Hg$_2$Cl$_2$	1.45×10^{-18}
Ag$_2$CrO$_4$	1.1×10^{-12}	HgS(黑)	6.44×10^{-53}
AgSO$_4$	1.20×10^{-5}	MgNH$_4$PO$_4$	2.5×10^{-13}
Ag$_2$S(α)	6.69×10^{-50}	MgCO3	6.82×10^{-6}
Ag$_2$S(β)	1.09×10^{-49}	Mg(OH)$_2$	5.61×10^{-12}
Al(OH)$_3$	2×10^{-33}	Mn(OH)$_2$	2.06×10^{-13}
BaCO$_3$	2.58×10^{-9}	MnS	4.65×10^{-14}
BaSO$_4$	1.07×10^{-10}	Ni(OH)$_2$	5.47×10^{-16}
BaCrO$_4$	1.17×10^{-10}	NiS	1.07×10^{-21}
CaCO$_3$	4.96×10^{-9}	PbCl$_2$	1.17×10^{-5}
CaC$_2$O$_4 \cdot$ H$_2$O	2.34×10^{-9}	PbCO$_3$	1.46×10^{-13}
CaF$_2$	1.46×10^{-10}	PbCrO$_4$	1.77×10^{-14}
Ca$_3$(PO$_4$)$_2$	2.07×10^{-33}	PbF$_2$	7.12×10^{-7}
CaSO$_4$	7.10×10^{-5}	PbSO$_4$	1.82×10^{-8}
Cd(OH)$_2$	5.27×10^{-15}	PbS	9.04×10^{-29}
CdS	1.40×10^{-29}	PbI	8.49×10^{-9}
Co(OH)$_2$(桃红)	1.09×10^{-15}	Pb(OH)$_2$	1.42×10^{-20}
Co(OH)$_2$(蓝)	5.92×10^{-15}	SrCO$_3$	5.60×10^{-10}
CoS(α)	4.0×10^{-21}	SrSO$_4$	3.44×10^{-7}
CoS(β)	2.0×10^{-25}	Sn(OH)$_2$	5.45×10^{-27}
Cr(OH)$_3$	7.0×10^{-31}	ZnCO$_3$	1.19×10^{-10}
CuI	1.27×10^{-12}	Zn(OH)$_2$(γ)	6.68×10^{-17}
CuS	1.27×10^{-36}	ZnS	2.93×10^{-25}

附录 G 配位化合物的稳定常数（298 K）

配位体	金属离子	配位体数目 n	$\lg\beta_n$
NH₃	Ag^+	1，2	3.24，7.05
	Au^{3+}	4	10.3
	Cd^{2+}	1，2，3，4，5，6	2.65，4.75，6.19，7.12，6.80，5.14
	Co^{2+}	1，2，3，4，5，6	2.11，3.74，4.79，5.55，5.73，5.11
	Co^{3+}	1，2，3，4，5，6	6.7，14.0，20.1，25.7，30.8，35.2
	Cu^+	1，2	5.93，10.86
	Cu^{2+}	1，2，3，4，5	4.31，7.98，11.02，13.32，12.86
	Fe^{2+}	1，2	1.4，2.2
	Hg^{2+}	1，2，3，4	8.8，17.5，18.5，19.28
	Mn^{2+}	1，2	0.8，1.3
	Ni^{2+}	1，2，3，4，5，6	2.80，5.04，6.77，7.96，8.71，8.74
	Pd^{2+}	1，2，3，4	9.6，18.5，26.0，32.8
	Pt^{2+}	6	35.3
	Zn^{2+}	1，2，3，4	2.37，4.81，7.31，9.46
Br⁻	Ag^+	1，2，3，4	4.38，7.33，8.00，8.73
	Bi^{3+}	1，2，3，4，5，6	2.37，4.20，5.90，7.30，8.20，8.30
	Cd^{2+}	1，2，3，4	1.75，2.34，3.32，3.70，
	Ce^{3+}	1	0.42
	Cu^+	2	5.89
	Cu^{2+}	1	0.30
	Hg^{2+}	1，2，3，4	9.05，17.32，19.74，21.00
	In^{3+}	1，2	1.30，1.88
	Pb^{2+}	1，2，3，4	1.77，2.60，3.00，2.30
	Pd^{2+}	1，2，3，4	5.17，9.42，12.70，14.90
	Rh^{3+}	2，3，4，5，6	14.3，16.3，17.6，18.4，17.2
	Sc^{3+}	1，2	2.08，3.08
	Sn^{2+}	1，2，3	1.11，1.81，1.46
	Tl^{3+}	1，2，3，4，5，6	9.7，16.6，21.2，23.9，29.2，31.6
	U^{4+}	1	0.18
	Y^{3+}	1	1.32

配位体	金属离子	配位体数目 n	$\lg\beta_n$
Cl⁻	Ag^+	1，2，4	3.04，5.04，5.30
	Bi^{3+}	1，2，3，4	2.44，4.7，5.0，5.6
	Cd^{2+}	1，2，3，4	1.95，2.50，2.60，2.80
	Co^{3+}	1	1.42
	Cu^+	2，3	5.5，5.7
	Cu^{2+}	1，2	0.1，-0.6
	Fe^{2+}	1	1.17
	Fe^{3+}	2	9.8
	Hg^{2+}	1，2，3，4	6.74，13.22，14.07，15.07
	In^{3+}	1，2，3，4	1.62，2.44，1.70，1.60
	Pb^{2+}	1，2，3	1.42，2.23，3.23
	Pd^{2+}	1，2，3，4	6.1，10.7，13.1，15.7
	Pt^{2+}	2，3，4	11.5，14.5，16.0
	Sb^{3+}	1，2，3，4	2.26，3.49，4.18，4.72
	Sn^{2+}	1，2，3，4	1.51，2.24，2.03，1.48
	Tl^{3+}	1，2，3，4	8.14，13.60，15.78，18.00
	Th^{4+}	1，2	1.38，0.38
	Zn^{2+}	1，2，3，4	0.43，0.61，0.53，0.20
	Zr^{4+}	1，2，3，4	0.9，1.3，1.5，1.2
CN⁻	Ag^+	2，3，4	21.1，21.7，20.6
	Au^+	2	38.3
	Cd^{2+}	1，2，3，4	5.48，10.60，15.23，18.78
	Cu^+	2，3，4	24.0，28.59，30.30
	Fe^{2+}	6	35.0
	Fe^{3+}	6	42.0
	Hg^{2+}	4	41.4
	Ni^{2+}	4	31.3
	Zn^{2+}	1，2，3，4	5.3，11.70，16.70，21.60
F⁻	Al^{3+}	1，2，3，4，5，6	6.11，11.12，15.00，18.00，19.40，19.80
	Be^{2+}	1，2，3，4	4.99，8.80，11.60，13.10
	Bi^{3+}	1	1.42

配位体	金属离子	配位体数目 n	$\lg\beta_n$
F$^-$	Co^{2+}	1	0.4
	Cr^{3+}	1，2，3	4.36，8.70，11.20
	Cu^{2+}	1	0.9
	Fe^{2+}	1	0.8
	Fe^{3+}	1，2，3，5	5.28，9.30，12.06，15.77
	Ga^{3+}	1，2，3	4.49，8.00，10.50
	Hf^{4+}	1，2，3，4，5，6	9.0，16.5，23.1，28.8，34.0，38.0
	Hg^{2+}	1	1.03
	In^{3+}	1，2，3，4	3.70，6.40，8.60，9.80
	Mg^{2+}	1	1.30
	Mn^{2+}	1	5.48
	Ni^{2+}	1	0.50
	Pb^{2+}	1，2	1.44，2.54
	Sb^{3+}	1，2，3，4	3.0，5.7，8.3，10.9
	Sn^{2+}	1，2，3	4.08，6.68，9.50
	Th^{4+}	1，2，3，4	8.44，15.08，19.80，23.20
	TiO^{2+}	1，2，3，4	5.4，9.8，13.7，18.0
	Zn^{2+}	1	0.78
	Zr^{4+}	1，2，3，4，5，6	9.4，17.2，23.7，29.5，33.5，38.3
I$^-$	Ag$^+$	1，2，3	6.58，11.74，13.68
	Bi^{3+}	1，4，5，6	3.63，14.95，16.80，18.80
	Cd^{2+}	1，2，3，4	2.10，3.43，4.49，5.41
	Cu$^+$	2	8.85
	Fe^{3+}	1	1.88
	Hg^{2+}	1，2，3，4	12.87，23.82，27.60，29.83
	Pb^{2+}	1，2，3，4	2.00，3.15，3.92，4.47
	Pd^{2+}	4	24.5
	Tl$^+$	1，2，3	0.72，0.90，1.08
	Tl^{3+}	1，2，3，4	11.41，20.88，27.60，31.82
OH$^-$	Ag$^+$	1，2	2.0，3.99
	Al^{3+}	1，4	9.27，33.03

配位体	金属离子	配位体数目 n	$\lg\beta_n$
OH⁻	As^{3+}	1，2，3，4	14.33，18.73，20.60，21.20
	Be^{2+}	1，2，3	9.7，14.0，15.2
	Bi^{3+}	1，2，4	12.7，15.8，35.2
	Ca^{2+}	1	1.3
	Cd^{2+}	1，2，3，4	4.17，8.33，9.02，8.62
	Ce^{3+}	1	4.6
	Ce^{4+}	1，2	13.28，26.46
	Co^{2+}	1，2，3，4	4.3，8.4，9.7，10.2
	Cr^{3+}	1，2，4	10.1，17.8，29.9
	Cu^{2+}	1，2，3，4	7.0，13.68，17.00，18.5
	Fe^{2+}	1，2，3，4	5.56，9.77，9.67，8.58
	Fe^{3+}	1，2，3	11.87，21.17，29.67
	Hg^{2+}	1，2，3	10.6，21.8，20.9
	In^{3+}	1，2，3，4	10.0，20.2，29.6，38.9
	Mg^{2+}	1	2.58
	Mn^{2+}	1，3	3.9，8.3
	Ni^{2+}	1，2，3	4.97，8.55，11.33
	Pa^{4+}	1，2，3，4	14.04，27.84，40.7，51.4
	Pb^{2+}	1，2，3	7.82，10.85，14.58
	Pd^{2+}	1，2	13.0，25.8
	Sb^{3+}	2，3，4	24.3，36.7，38.3
	Sc^{3+}	1	8.9
	Sn^{2+}	1	10.4
	Th^{3+}	1，2	12.86，25.37
	Ti^{3+}	1	12.71
	Zn^{2+}	1，2，3，4	4.40，11.30，14.14，17.66
	Zr^{4+}	1，2，3，4	14.3，28.3，41.9，55.3
SCN⁻	Ag^+	1，2，3，4	4.6，7.57，9.08，10.08
	Bi^{3+}	1，2，3，4，5，6	1.67，3.00，4.00，4.80，5.50，6.10
	Cd^{2+}	1，2，3，4	1.39，1.98，2.58，3.6
	Cr^{3+}	1，2	1.87，2.98

配位体	金属离子	配位体数目 n	$\lg\beta_n$
SCN⁻	Cu^+	1, 2	12.11, 5.18
	Cu^{2+}	1, 2	1.90, 3.00
	Fe^{3+}	1, 2, 3, 4, 5, 6	2.21, 3.64, 5.00, 6.30, 6.20, 6.10
	Hg^{2+}	1, 2, 3, 4	9.08, 16.86, 19.70, 21.70
	Ni^{2+}	1, 2, 3	1.18, 1.64, 1.81
	Pb^{2+}	1, 2, 3	0.78, 0.99, 1.00
	Sn^{2+}	1, 2, 3	1.17, 1.77, 1.74
	Th^{4+}	1, 2	1.08, 1.78
	Zn^{2+}	1, 2, 3, 4	1.33, 1.91, 2.00, 1.60
EDTA	Ag^+	1	7.32
	Al^{3+}	1	16.11
	Ba^{2+}	1	7.78
	Be^{2+}	1	9.3
	Bi^{3+}	1	22.8
	Ca^{2+}	1	10.69
	Cd^{2+}	1	16.4
	Co^{2+}	1	16.31
	Co^{3+}	1	36.0
	Cr^{3+}	1	23.0
	Cu^{2+}	1	18.7
	Fe^{2+}	1	14.83
	Fe^{3+}	1	24.23
	Ga^{3+}	1	20.25
	Hg^{2+}	1	21.80
	In^{3+}	1	24.95
	Li^+	1	2.79
	Mg^{2+}	1	8.64
	Mn^{2+}	1	13.8
	$Mo(V)$	1	6.36
	Na^+	1	1.66
	Ni^{2+}	1	18.56

配位体	金属离子	配位体数目 n	$\lg\beta_n$
	Pb^{2+}	1	18.3
	Pd^{2+}	1	18.5
	Sc^{2+}	1	23.1
	Sn^{2+}	1	22.1
	Sr^{2+}	1	8.80
	Th^{4+}	1	23.2
	TiO^{2+}	1	17.3
	Tl^{3+}	1	22.5
	U^{4+}	1	17.50
	VO^{2+}	1	18.0
	Y^{3+}	1	18.32
	Zn^{2+}	1	16.4
	Zr^{4+}	1	19.4

附录 H 标准电极电位（298 K）

1. 在酸性溶液中

电极反应	φ/V	电极反应	φ/V
$Ag^+ + e^- = Ag$	0.7996	$Cd^{2+} + 2e^- = Cd(Hg)$	-0.3521
$Ag^{2+} + e^- = Ag^+$	1.980	$Ce^{3+} + 3e^- = Ce$	-2.483
$AgAc + e^- = Ag + Ac^-$	0.643	$Cl_2(g) + 2e^- = 2Cl^-$	1.358 27
$AgBr + e^- = Ag + Br^-$	0.071 33	$HClO + H^+ + e^- = 1/2Cl_2 + H_2O$	1.611
$Ag_2BrO_3 + e^- = 2Ag + BrO_3^-$	0.546	$HClO + H^+ + 2e^- = Cl^- + H_2O$	1.482
$Ag_2C_2O_4 + 2e^- = 2Ag + C_2O_4^{2-}$	0.4647	$ClO_2 + H^+ + e^- = HClO_2$	1.277
$AgCl + e^- = Ag + Cl^-$	0.222 33	$HClO_2 + 2H^+ + 2e^- = HClO + H_2O$	1.645
$Ag_2CO_3 + 2e^- = 2Ag + CO_3^{2-}$	0.47	$HClO_2 + 3H^+ + 3e^- = 1/2Cl_2 + 2H_2O$	1.628
$Ag_2CrO_4 + 2e^- = 2Ag + CrO_4^{2-}$	0.4470	$HClO_2 + 3H^+ + 4e^- = Cl^- + 2H_2O$	1.570
$AgF + e^- = Ag + F^-$	0.779	$ClO_3^- + 2H^+ + e^- = ClO_2 + H_2O$	1.152
$AgI + e^- = Ag + I^-$	-0.152	$ClO_3^- + 3H^+ + 2e^- = HClO_2 + H_2O$	1.214
$Ag_2S + 2H + 2e^- = 2Ag + H_2S$	-0.0366	$ClO_3^- + 6H^+ + 5e^- = 1/2Cl_2 + 3H_2O$	1.47
$AgSCN + e^- = Ag + SCN^-$	0.089 51	$ClO_3^- + 6H^+ + 6e^- = Cl^- + 3H_2O$	1.451
$Ag_2SO_4 + 2e^- = 2Ag + SO_4^{2-}$	0.654	$ClO_4^- + 2H^+ + 2e^- = ClO_3^- + H_2O$	1.189
$Al^{3+} + 3e^- = Al$	-1.662	$ClO_4^- + 8H^+ + 7e^- = 1/2Cl_2 + 4H_2O$	1.39
$AlF_6^{3-} + 3e^- = Al + 6F^-$	-2.069	$ClO_4^- + 8H^+ + 8e^- = Cl^- + 4H_2O$	1.389
$As_2O_3 + 6H^+ + 6e^- = 2As + 3H_2O$	0.234	$Co^{2+} + 2e^- = CO$	-0.28
$HAsO_2 + 3H^+ + 3e^- = As + 2H_2O$	0.248	$Co^{3+} + e^- = Co^{2+}$（2 mol·$L^{-1}H_2SO_4$）	1.83
$H_3AsO_4 + 2H^+ + 2e^- = HAsO_2 + 2H_2O$	0.560	$CO_2 + 2H^+ + 2e^- = HCOOH$	-0.199
$Au^+ + e^- = Au$	1.692	$Cr^{2+} + 2e^- = Cr$	-0.913
$Au^{3+} + 3e^- = Au$	1.498	$Cr^{3+} + e^- = Cr^{2+}$	-0.407
$AuCl_4^- + 3e^- = Au + 4Cl^-$	1.002	$Cr^{3+} + 3e^- = Cr$	-0.744
$Au^{3+} + 2e^- = Au^+$	1.401	$Cr_2O_7^{2-} + 14H^+ + 6e^- = 2Cr^{3+} + 7H_2O$	1.232
$H_3BO_3 + 3H^+ + 3e^- = B + 3H_2O$	-0.869 8	$HCrO_4^- + 7H^+ + 3e^- = Cr^{3+} + 4H_2O$	1.350
$Ba^{2+} + 2e^- = Ba$	-2.912	$Cu^+ + e^- = Cu$	0.521
$Ba^{2+} + 2e^- = Ba(Hg)$	-1.570	$Cu^{2+} + e^- = Cu^+$	0.153
$Be^{2+} + 2e^- = Be$	-1.847	$Cu^{2+} + 2e^- = Cu$	0.3419
$BiCl_4^- + 3e^- = Bi + 4Cl^-$	0.16	$CuCl + e^- = Cu + Cl^-$	0.124
$Bi_2O_4 + 4H^+ + 2e^- = 2BiO^+ + 2H_2O$	1.593	$F_2 + 2H^+ + 2e^- = 2HF$	3.053
$BiO^+ + 2H^+ + 3e^- = Bi + H_2O$	0.320	$F_2 + 2e^- = 2F^-$	2.866
$BiOCl + 2H^+ + 3e^- = Bi + Cl^- + H_2O$	0.1583	$Fe^{2+} + 2e^- = Fe$	-0.447
$Br_2(aq) + 2e^- = 2Br^-$	1.0873	$Fe^{3+} + 3e^- = Fe$	-0.037

电极反应	φ/V	电极反应	φ/V
$Br_2(l) + 2e^- = 2Br^-$	1.066	$Fe^{3+} + e^- = Fe^{2+}$	0.771
$HBrO + H^+ + 2e^- = Br^- + H_2O$	1.331	$[Fe(CN)_6]^{3-} + e^- = [Fe(CN)_6]^{4-}$	0.358
$HBrO + H^+ + e^- = 1/2Br_2(aq) + H_2O$	1.574	$Y^{3+} + 3e^- = Y$	-2.37
$HBrO + H^+ + e^- = 1/2Br_2(l) + H_2O$	1.596	$Zn^{2+} + 2e^- = Zn$	-0.7618
$BrO_3^- + 6H^+ + 5e^- = 1/2Br_2 + 3H_2O$	1.482	$FeO_4^{2-} + 8H^+ + 3e^- = Fe^{3+} + 4H_2O$	2.20
$BrO_3^- + 6H^+ + 6e^- = Br^- + 3H_2O$	1.423	$Ga^{3+} + 3e^- = Ga$	-0.560
$Ca^{2+} + 2e^- = Ca$	-2.868	$2H^+ + 2e^- = H_2$	0.00000
$Cd^{2+} + 2e^- = Cd$	-0.4030	$H_2(g) + 2e^- = 2H^-$	-2.23
$CdSO_4 + 2e^- = Cd + SO_4^{2-}$	-0.246	$HO_2 + H^+ + e^- = H_2O_2$	1.495
$H_2O_2 + 2H^+ + 2e^- = 2H_2O$	1.776	$O_2 + 4H^+ + 4e^- = 2H_2O$	1.229
$Hg^{2+} + 2e^- = Hg$	0.851	$O(g) + 2H^+ + 2e^- = H_2O$	2.421
$2Hg^{2+} + 2e^- = Hg_2^{2+}$	0.920	$O_3 + 2H^+ + 2e^- = O_2 + H_2O$	2.076
$Hg_2^{2+} + 2e^- = 2Hg$	0.7973	$P(red) + 3H^+ + 3e^- = PH_3(g)$	-0.111
$Hg_2Br_2 + 2e^- = 2Hg + 2Br^-$	0.13923	$P(white) + 3H^+ + 3e^- = PH_3(g)$	-0.063
$Hg_2Cl_2 + 2e^- = 2Hg + 2Cl^-$	0.26808	$H_3PO_2 + H^+ + e^- = P + 2H_2O$	-0.508
$Hg_2I_2 + 2e^- = 2Hg + 2I^-$	-0.0405	$H_3PO_3 + 2H^+ + 2e^- = H_3PO_2 + H_2O$	-0.499
$Hg_2SO_4 + 2e^- = 2Hg + SO_4^{2-}$	0.6125	$H_3PO_3 + 3H^+ + 3e^- = P + 3H_2O$	-0.454
$I_2 + 2e^- = 2I^-$	0.5355	$H_3PO_4 + 2H^+ + 2e^- = H_3PO_3 + H_2O$	-0.276
$I_3^- + 2e^- = 3I^-$	0.536	$Pb^{2+} + 2e^- = Pb$	-0.1262
$H_5IO_6 + H^+ + 2e^- = IO_3^- + 3H_2O$	1.601	$PbBr_2 + 2e^- = Pb + 2Br^-$	-0.284
$2HIO + 2H^+ + 2e^- = I_2 + 2H_2O$	1.439	$PbCl_2 + 2e^- = Pb + 2Cl^-$	-0.2675
$HIO + H^+ + 2e^- = I^- + H_2O$	0.987	$PbF_2 + 2e^- = Pb + 2F^-$	-0.3444
$2IO_3^- + 12H^+ + 10e^- = I_2 + 6H_2O$	1.195	$PbI_2 + 2e^- = Pb + 2I^-$	-0.365
$IO_3^- + 6H^+ + 6e^- = I^- + 3H_2O$	1.085	$PbO_2 + 4H^+ + 2e^- = Pb^{2+} + 2H_2O$	1.455
$In^{3+} + 2e^- = In^+$	-0.443	$PbO_2 + SO_4^{2-} + 4H^+ + 2e^-$ $= PbSO_4 + 2H_2O$	1.6913
$In^{3+} + 3e^- = In$	-0.3382	$PbSO_4 + 2e^- = Pb + SO_4^{2-}$	-0.3588
$Ir^{3+} + 3e^- = Ir$	1.159	$Pd^{2+} + 2e^- = Pd$	0.951
$K^+ + e^- = K$	-2.931	$PdCl_4^{2-} + 2e^- = Pd + 4Cl^-$	0.591
$La^{3+} + 3e^- = La$	-2.522	$Pt^{2+} + 2e^- = Pt$	1.118
$Li^+ + e^- = Li$	-3.0401	$Rb^+ + e^- = Rb$	-2.98
$Mg^{2+} + 2e^- = Mg$	-2.372	$Re^{3+} + 3e^- = Re$	0.300
$Mn^{2+} + 2e^- = Mn$	-1.185	$S + 2H^+ + 2e^- = H_2S(aq)$	0.142
$Mn^{3+} + e^- = Mn^{2+}$	1.5415	$S_2O_6^{2-} + 4H^+ + 2e^- = 2H_2SO_3$	0.564
$MnO_2 + 4H^+ + 2e^- = Mn^{2+} + 2H_2O$	1.224	$S_2O_8^{2-} + 2e^- = 2SO_4^{2-}$	2.010
$MnO_4^- + e^- = MnO_4^{2-}$	0.558	$S_2O_8^{2-} + 2H^+ + 2e^- = 2HSO_4^-$	2.123
$MnO_4^- + 4H^+ + 3e^- = MnO_2 + 2H_2O$	1.679	$2H_2SO_3 + H^+ + 2e^- = H_2SO_4^- + 2H_2O$	-0.056

电极反应	φ/V	电极反应	φ/V
$MnO_4^- + 8H^+ + 5e^- = Mn^{2+} + 4H_2O$	1.507	$H_2SO_3 + 4H^+ + 4e^- = S + 3H_2O$	0.449
$MO^{3+} + 3e^- = MO$	−0.200	$SO_4^{2-} + 4H^+ + 2e^- = H_2SO_3 + H_2O$	0.172
$N_2 + 2H_2O + 6H^+ + 6e^- = 2NH_4OH$	0.092	$2SO_4^{2-} + 4H^+ + 2e^- = S_2O_6^{2-} + 2H_2O$	−0.22
$3N_2 + 2H^+ + 2e^- = 2NH_3(aq)$	−3.09	$Sb + 3H^+ + 3e^- = 2SbH_3$	−0.510
$N_2O + 2H^+ + 2e^- = N_2 + H_2O$	1.766	$Sb_2O_3 + 6H^+ + 6e^- = 2Sb + 3H_2O$	0.152
$N_2O_4 + 2e^- = 2NO_2^-$	0.867	$Sb_2O_5 + 6H^+ + 4e^- = 2SbO^+ + 3H_2O$	0.581
$N_2O_4 + 2H^+ + 2e^- = 2HNO_2$	1.065	$SbO^+ + 2H^+ + 3e^- = Sb + H_2O$	0.212
$N_2O_4 + 4H^+ + 4e^- = 2NO + 2H_2O$	1.035	$Sc^{3+} + 3e^- = Sc$	−2.077
$2NO + 2H^+ + 2e^- = N_2O + H_2O$	1.591	$Se + 2H^+ + 2e^- = H_2Se(aq)$	−0.399
$HNO_2 + H^+ + e^- = NO + H_2O$	0.983	$H_2SeO_3 + 4H^+ + 4e^- = Se + 3H_2O$	0.74
$2HNO_2 + 4H^+ + 4e^- = N_2O + 3H_2O$	1.297	$SeO_4^{2-} + 4H^+ + 2e^- = H_2SeO_3 + H_2O$	1.151
$NO_3^- + 3H^+ + 2e^- = HNO_2 + H_2O$	0.934	$SiF_6^{2-} + 4e^- = Si + 6F^-$	−1.24
$NO_3^- + 4H^+ + 3e^- = NO + 2H_2O$	0.957	$(quartz)SiO_2 + 4H^+ + 4e^- = Si + 2H_2O$	0.857
$2NO_3^- + 4H^+ + 2e^- = N_2O_4 + 2H_2O$	0.803	$Sn^{2+} + 2e^- = Sn$	−0.1375
$Na^+ + e^- = Na$	−2.71	$Sn^{4+} + 2e^- = Sn^{2+}$	0.151
$Nb^{3+} + 3e^- = Nb$	−1.1	$Sr^+ + e^- = Sr$	−4.10
$Ni^{2+} + 2e^- = Ni$	−0.257	$Sr^{2+} + 2e^- = Sr$	−2.89
$NiO_2 + 4H^+ + 2e^- = Ni^{2+} + 2H_2O$	1.678	$Sr^{2+} + 2e^- = Sr(Hg)$	−1.793
$O_2 + 2H^+ + 2e^- = H_2O_2$	0.695	$Te + 2H^+ + 2e^- = H_2Te$	−0.793
$Te^{4+} + 4e^- = Te$	0.568	$V^{3+} + e^- = V^{2+}$	−0.255
$TeO_2 + 4H^+ + 4e^- = Te + 2H_2O$	0.593	$VO^{2+} + 2H^+ + e^- = V^{3+} + H_2O$	0.337
$TeO_4^- + 8H^+ + 7e^- = Te + 4H_2O$	0.472	$VO_2^+ + 2H^+ + e^- = VO^{2+} + H_2O$	0.991
$H_6TeO_6 + 2H^+ + 2e^- = TeO_2 + 4H_2O$	1.02	$V(OH)_4^+ + 2H^+ + e^- = VO^{2+} + 3H_2O$	1.00
$Th^{4+} + 4e^- = Th$	−1.899	$V(OH)_4^+ + 4H^+ + 5e^- = V + 4H_2O$	−0.254
$Ti^{2+} + 2e^- = Ti$	−1.630	$W_2O_5 + 2H^+ + 2e^- = 2WO_2 + H_2O$	−0.031
$Ti^{3+} + e^- = Ti^{2+}$	−0.368	$WO_2 + 4H^+ + 4e^- = W + 2H_2O$	−0.119
$TiO^{2+} + 2H^+ + e^- = Ti^{3+} + H_2O$	0.099	$WO_3 + 6H^+ + 6e^- = W + 3H_2O$	−0.090
$TiO_2 + 4H^+ + 2e^- = Ti^{2+} + 2H_2O$	−0.502	$2WO_3 + 2H^+ + 2e^- = W_2O_5 + H_2O$	−0.029

2. 在碱性溶液中

电极反应	φ/V	电极反应	φ/V
$AgCN + e^- = Ag + CN^-$	−0.017	$Cu(OH)_2 + 2e^- = Cu + 2OH^-$	−0.222
$[Ag(CN)_2]^- + e^- = Ag + 2CN^-$	−0.31	$2Cu(OH)_2 + 2e^- = Cu_2O + 2OH^- + H_2O$	−0.080
$Ag_2O + H_2O + 2e^- = 2Ag + 2OH^-$	0.342	$[Fe(CN)_6]^{3-} + e^- = [Fe(CN)_6]^{4-}$	0.358
$2AgO + H_2O + 2e^- = Ag_2O + 2OH^-$	0.607	$Fe(OH)_3 + e^- = Fe(OH)_2 + OH^-$	−0.56

电极反应	φ/V	电极反应	φ/V
$Ag_2S + 2e^- \Longrightarrow 2Ag + S^{2-}$	-0.691	$H_2GaO_3^- + H_2O + 3e^- \Longrightarrow Ga + 4OH^-$	-1.219
$H_2AlO_3^- + H_2O + 3e^- \Longrightarrow Al + 4OH^-$	-2.33	$2H_2O + 2e^- \Longrightarrow H_2 + 2OH^-$	-0.8277
$AsO_2^- + 2H_2O + 3e^- \Longrightarrow As + 4OH^-$	-0.68	$Hg_2O + H_2O + 2e^- \Longrightarrow 2Hg + 2OH^-$	0.123
$AsO_4^{3-} + 2H_2O + 2e^- \Longrightarrow AsO_2^- + 4OH^-$	-0.71	$HgO + H_2O + 2e^- \Longrightarrow Hg + 2OH^-$	0.0977
$H_2BO_3^- + 5H_2O + 8e^- \Longrightarrow BH_4^- + 8OH^-$	-1.24	$H_3IO_3^{2-} + 2e^- \Longrightarrow IO_3^- + 3OH^-$	0.7
$H_2BO_3^- + H_2O + 3e^- \Longrightarrow B + 4OH^-$	-1.79	$IO_3^- + H_2O + 2e^- \Longrightarrow I^- + 2OH^-$	0.485
$Ba(OH)_2 + 2e^- \Longrightarrow Ba + 2OH^-$	-2.99	$IO_3^- + 2H_2O + 4e^- \Longrightarrow IO^- + 4OH^-$	0.15
$Be_2O_3^{2-} + 3H_2O + 4e^- \Longrightarrow 2Be + 6OH^-$	-2.63	$IO_3^- + 3H_2O + 6e^- \Longrightarrow I^- + 6OH^-$	0.26
$Bi_2O_3 + 3H_2O + 6e^- \Longrightarrow 2Bi + 6OH^-$	-0.46	$Ir_2O_3 + 3H_2O + 6e^- \Longrightarrow 2Ir + 6OH^-$	0.098
$BrO^- + H_2O + 2e^- \Longrightarrow Br^- + 2OH^-$	0.761	$La(OH)_3 + 3e^- \Longrightarrow La + 3OH^-$	-2.90
$BrO_3^- + 3H_2O + 6e^- \Longrightarrow Br^- + 6OH^-$	0.61	$Mg(OH)_2 + 2e^- \Longrightarrow Mg + 2OH^-$	-2.690
$Ca(OH)_2 + 2e^- \Longrightarrow Ca + 2OH^-$	-3.02	$MnO_4^- + 2H_2O + 3e^- \Longrightarrow MnO_2 + 4OH^-$	0.595
$Ca(OH)_2 + 2e^- \Longrightarrow Ca(Hg) + 2OH^-$	-0.809	$MnO_4^{2-} + 2H_2O + 2e^- \Longrightarrow MnO_2 + 4OH^-$	0.60
$ClO^- + H_2O + 2e^- \Longrightarrow Cl^- + 2OH^-$	0.81	$Mn(OH)_2 + 2e^- \Longrightarrow Mn + 2OH^-$	-1.56
$ClO_2^- + H_2O + 2e^- \Longrightarrow ClO^- + 2OH^-$	0.66	$Mn(OH)_3 + e^- \Longrightarrow Mn(OH)_2 + OH^-$	0.15
$ClO_2^- + 2H_2O + 4e^- \Longrightarrow Cl^- + 4OH^-$	0.76	$2NO + H_2O + 2e^- \Longrightarrow N_2O + 2OH^-$	0.76
$ClO_3^- + H_2O + 2e^- \Longrightarrow ClO_2^- + 2OH^-$	0.33	$NO + H_2O + e^- \Longrightarrow NO + 2OH^-$	-0.46
$ClO_3^- + 3H_2O + 6e^- \Longrightarrow Cl^- + 6OH^-$	0.62	$2NO_2^- + 2H_2O + 4e^- \Longrightarrow N_2^{2-} + 4OH^-$	-0.18
$ClO_4^- + H_2O + 2e^- \Longrightarrow ClO_3^- + 2OH^-$	0.36	$2NO_2^- + 3H_2O + 4e^- \Longrightarrow N_2O + 6OH^-$	0.15
$[Co(NH_3)_6]^{3+} + e^- \Longrightarrow [Co(NH_3)_6]^{2+}$	0.108	$NO_3^- + H_2O + 2e^- \Longrightarrow NO_2^- + 2OH^-$	0.01
$Co(OH)_2 + 2e^- \Longrightarrow Co + 2OH^-$	-0.73	$2NO_3^- + 2H_2O + 2e^- \Longrightarrow N_2O_4 + 4OH^-$	-0.85
$Co(OH)_3 + e^- \Longrightarrow Co(OH)_2 + OH^-$	0.17	$Ni(OH)_2 + 2e^- \Longrightarrow Ni + 2OH^-$	-0.72
$CrO_2^- + 2H_2O + 3e^- \Longrightarrow Cr + 4OH^-$	-1.2	$NiO_2 + 2H_2O + 2e^- \Longrightarrow Ni(OH)_2 + 2OH^-$	-0.490
$CrO_4^{2-} + 4H_2O + 3e^- \Longrightarrow Cr(OH)_3 + 5OH^-$	-0.13	$O_2 + H_2O + 2e^- \Longrightarrow HO_2^- + OH^-$	-0.076
$Cr(OH)_3 + 3e^- \Longrightarrow Cr + 3OH^-$	-1.48	$O_2 + 2H_2O + 2e^- \Longrightarrow H_2O_2 + 2OH^-$	-0.146
$Cu^2 + 2CN^- + e^- \Longrightarrow [Cu(CN)_2]^-$	1.103	$O_2 + 2H_2O + 4e^- \Longrightarrow 4OH^-$	0.401
$[Cu(CN)_2]^- + e^- \Longrightarrow Cu + 2CN^-$	-0.429	$O_3 + H_2O + 2e^- \Longrightarrow O_2 + 2OH^-$	1.24
$Cu_2O + H_2O + 2e^- \Longrightarrow 2Cu + 2OH^-$	-0.360	$HO_2^- + H_2O + 2e^- \Longrightarrow 3OH^-$	0.878
$P + 3H_2O + 3e^- \Longrightarrow PH_3(g) + 3OH^-$	-0.87	$2SO_3^{2-} + 3H_2O + 4e^- \Longrightarrow S_2O_3^{2-} + 6OH^-$	-0.571
$H_2PO_2^- + e^- \Longrightarrow P + 2OH^-$	-1.82	$SO_4^{2-} + H_2O + 2e^- \Longrightarrow SO_3^{2-} + 2OH^-$	-0.93
$HPO_3^{2-} + 2H_2O + 2e^- \Longrightarrow H_2PO_2^- + 3OH^-$	-1.65	$SbO_2^- + 2H_2O + 3e^- \Longrightarrow Sb + 4OH^-$	-0.66

电极反应	φ/V	电极反应	φ/V
$HPO_3^{2-} + 2H_2O + 3e^- \Longrightarrow P + 5OH^-$	-1.71	$SbO_3^- + H_2O + 2e^- \Longrightarrow SbO_2^- + 2OH^-$	-0.59
$PO_4^{3-} + 2H_2O + 2e^- \Longrightarrow HPO_3^{2-} + 3OH^-$	-1.05	$SeO_3^{2-} + 3H_2O + 4e^- \Longrightarrow Se + 6OH^-$	-0.366
$PbO + H_2O + 2e^- \Longrightarrow Pb + 2OH^-$	-0.580	$SeO_3^{2-} + H_2O + 2e^- \Longrightarrow SeO_3^{2-} + 2OH^-$	0.05
$HPbO_2^- + H_2O + 2e^- \Longrightarrow Pb + 3OH^-$	-0.537	$SiO_3^{2-} + 3H_2O + 4e^- \Longrightarrow Si + 6OH^-$	-1.697
$PbO_2 + H_2O + 2e^- \Longrightarrow PbO + 2OH^-$	0.247	$HSnO_2^- + H_2O + 2e^- \Longrightarrow Sn + 3OH^-$	-0.909
$Pd(OH)_2 + 2e^- \Longrightarrow Pd + 2OH^-$	0.07	$Sn(OH)_3^{2-} + 2e^- \Longrightarrow HSnO_2^- + 3OH^- + H_2O$	-0.93
$Pt(OH)_2 + 2e^- \Longrightarrow Pt + 2OH^-$	0.14	$Sr(OH) + 2e^- \Longrightarrow Sr + 2OH^-$	-2.88
$ReO_4^- + 4H_2O + 7e^- \Longrightarrow Re + 8OH^-$	-0.584	$Te + 2e^- \Longrightarrow Te^{2-}$	-1.143
$S + 2e^- \Longrightarrow S^{2-}$	-0.47627	$2SO_3^{2-} + 2H_2O + 2e^- \Longrightarrow S_2O_4^{2-} + 4OH^-$	-1.12
$S + H_2O + 2e^- \Longrightarrow HS^- + OH^-$	-0.478	$Th(OH)_4 + 4e^- \Longrightarrow Th + 4OH^-$	-2.48
$2S + 2e^- \Longrightarrow S_2^{2-}$	-0.42836		

摘自 R.C.Weast.Handbook of Chemistry and Physics，D-151.70th ed.1989-1990。